NomosPraxis

Dr. Bernhard Weiner
Rechtsanwalt und Mediator, Meppen

Dr. Sabine Ferber
Richterin am OLG, Celle

Handbuch des Adhäsionsverfahrens

Dr. Sabine Ferber, Richterin am Oberlandesgericht, Celle | **Barbara Havliza**, Direktorin am Amtsgericht, Bersenbrück | **Anette Schneckenberger**, Richterin am Amtsgericht, Meppen | **Kirsten Stang**, Oberstaatsanwältin, Braunschweig | **Dr. Bernhard Weiner**, Rechtsanwalt und Mediator, Meppen | **Norbert Wolf**, Generalstaatsanwalt, Braunschweig

Gedruckt mit freundlicher Unterstützung der
Stiftung Opferhilfe Niedersachsen.

Die Deutsche Nationalbibliothek verzeichnet diese Publikation in
der Deutschen Nationalbibliografie; detaillierte bibliografische Daten
sind im Internet über http://www.d-nb.de abrufbar.

ISBN 978-3-8329-3149-0

1. Auflage 2008
© Nomos Verlagsgesellschaft, Baden-Baden 2008. Printed in Germany. Alle
Rechte, auch die des Nachdrucks von Auszügen, der fotomechanischen Wiedergabe und der Übersetzung, vorbehalten.

Vorwort

Der Gesetzgeber fördert das Adhäsionsverfahren. Er will es im Strafprozess etablieren. Das „Zivilverfahren im Strafprozess" soll nicht mehr die Ausnahme, sondern der Regelfall sein. Zahlreiche Gesetzesänderungen durch das Opferschutzgesetz, Opferrechtsreformgesetz und zuletzt durch das 2. Justizmodernisierungsgesetz vom 22.11.2006 belegen den unmissverständlichen Willen des Gesetzgebers und forcieren diese Entwicklung seit Jahren. Dennoch hat das Adhäsionsverfahren seit jeher Akzeptanzprobleme bei den Praktikern. Es gibt teilweise große Berührungsängste. Woran liegt das?

Zahlreiche Gesetzesänderungen, ungeklärte Auslegungsfragen zu einem Verfahren mit zwei Prozessordnungen, die ihrerseits wiederum auf unterschiedlichen Prozessmaximen basieren, kommen als Gründe in Betracht. Daneben gibt es so gut wie keine spezialisierte Literatur zu diesem Rechtsinstitut, selbst in Großkommentaren vermisst man eine umfassende Kommentierung der Vorschriften. Wesentlich dürfte auch sein, dass Arbeitshilfen für die Praktiker in Anwaltschaft, Staatsanwaltschaft und den Gerichten kaum feststellbar sind.

Das Handbuch des Adhäsionsverfahrens versucht daher nicht nur einen roten Faden zu geben. Es gibt in erster Linie Antworten auf die Fragen der Praktiker in der jeweiligen Funktion, ohne dabei jedoch den Anspruch der Rechtswissenschaft zu vernachlässigen. Der Verfahrensablauf wird genau beschrieben, es gibt Hinweise aus der Sicht des Richters, Staatsanwaltes, sowie des Opferanwaltes. Zahlreiche Musterentwürfe für jedes Verfahrensstadium sollen die Anwendung in der Praxis erleichtern. So finden sich in diesem Handbuch neben Fallbeispielen, Musteranträgen und Argumentationshilfen für den Rechtsanwalt, Formuliervorschläge für die Staatsanwaltschaft sowie Beschlüsse und Urteile für den Richter. Aktuelle Rechtsprechung, vielfach nicht veröffentliche Entscheidungen und die wissenschaftliche fundierte Erörterung bislang ungeklärter Auslegungsfragen schließen die Lücken in der Kommentarliteratur. Der Rechtsanwalt erhält wichtige Hinweise für die Berechnung seiner Gebühren, auch im Zusammenhang mit Verfahren der Nebenklage.

Die Autoren wollen mit diesem Handbuch den Praktikern sowohl den Zugang zu dieser Verfahrensart als auch die praktische Arbeit erleichtern. Die Herausgeber bedanken sich für die spontane Bereitschaft aller Autoren, an diesem Werk mitzuarbeiten. Sie bedanken sich auch bei Frau Stefanie Bock, wissenschaftliche Mitarbeiterin am Seminar für ausländisches und internationales Prozessrecht der Universität Hamburg. Ihre gründliche und fundierte Literatur- und Rechtsprechungsrecherche war allen Autoren eine große Hilfe.

Die Autoren mussten bei der behandelten Thematik aus der jeweiligen Sicht eine Auswahl treffen. Ein Anspruch auf Vollständigkeit wird nicht erhoben. Die Herausgeber glauben, dass die behandelten Bereiche für den forensischen Praktiker ausreichend und von Bedeutung sind. Kritik und Anregungen sind sehr willkommen.

Dr. Sabine Ferber   Dr. Bernhard Weiner

Geleitwort

Vor noch nicht allzu langer Zeit stand in erster Linie der Täter im Blickpunkt, seine Sozialisation und seine als gesellschaftliches Versagen begründete Delinquenz. Dem Opfer der Tat hingegen ist oftmals nicht der gebührende Raum gegeben worden. Die Traumatisierung des Opfers, die oft lebenslangen Folgen der Tat, auch existenzieller Art, sind bei dem Bemühen, die Psyche des Täters zu ergründen und die Hintergründe der Tat zu verstehen, nicht selten auf der Strecke geblieben. Das hat sich glücklicherweise geändert. Der Gedanke des Opferschutzes hat sich in den letzten Jahren tief im Bewusstsein der Menschen verankert. Dazu beigetragen haben insbesondere Opfervereine wie der WEISSE RING e.V. und die niedersächsische Stiftung Opferhilfe, die in enger Zusammenarbeit unbürokratisch und kompetent Opfern von Straftaten helfen. Diese beiden Institutionen stehen exemplarisch für eine Vielzahl von Opferhilfeeinrichtungen, die sich in den vergangenen Jahren in Deutschland etabliert haben. Opfer können jetzt auf Hilfe bauen, auf persönliche Zuwendung und finanzielle Unterstützung. Die Balance zwischen fairer und rechtsstaatlicher Behandlung des Täters einerseits sowie einem eindeutig akzentuierten Opferschutz andererseits stellt sich ein. Auch die Politik trägt ihren Teil dazu bei: Eine opferorientierte Justizpolitik hat in Niedersachsen Priorität. Opferschutz ist für uns eine dauernde Herausforderung. Wer hier rastet, fällt leicht hinter das Erreichte zurück. Die kontinuierliche Fortentwicklung von Opferschutzmaßnahmen ist der Weg und ein ineinander greifendes Räderwerk von einzelnen Opferschutzansätzen zu einem umfassenden Opferschutzkonzept das Ziel. Der erste Schritt dazu war die in diesem Jahr vorgenommene Bestandsaufnahme von justiziellen Opferschutzmaßnahmen, niedergelegt im Opferschutzbericht des Niedersächsischen Justizministeriums.

Opferschutz im besten Sinne ist es auch, den Opfern von Straftaten ihre rechtlichen Möglichkeiten aufzuzeigen und sie darauf aufmerksam zu machen, wie sie möglichst schnell materiellen Ersatz ihres Schadens bekommen können. Das vorliegende Handbuch zum Adhäsionsverfahren ist dazu ein hervorragender Leitfaden. Die grundsätzliche Trennung von Zivil- und Strafverfahren ist zwar tief verwurzelt in unserer Rechtsordnung. Sie darf es aber nicht um den Preis geminderter Opferrechte sein. Dem kann mit dem Adhäsionsverfahren begegnet werden. Opfer können schnell und unbürokratisch Schadensersatz erlangen. Das vorliegende Handbuch für die Justizpraxis ist gerade deshalb ein guter und wichtiger Beitrag zur Erhöhung der Praktikabilität des Adhäsionsverfahrens und zur Stärkung des Opferschutzgedankens. Ich bin sicher, dass es für die Praxis ein unverzichtbarer Ratgeber sein wird und freue mich besonders, dass so viele kompetente Autoren aus dem Bereich der niedersächsischen Justiz hieran mitgewirkt haben.

Elisabeth Heister-Neumann
Niedersächsische Justizministerin

Inhaltsverzeichnis

Vorwort 5
Geleitwort 7
Musterverzeichnis 15
Abkürzungsverzeichnis 17
Literaturverzeichnis 21

A. Grundlagen und Verfahrensgrundsätze 23
    I. Rechtspolitischer Hintergrund und Entwicklung 23
    II. Praktische Bedeutung des Adhäsionsverfahrens 23
    III. Vor- u. Nachteile des Adhäsionsverfahrens 24
        1. Für den Verletzten 25
        2. Für den Angeklagten 25
        3. Für die Allgemeinheit 25
        4. Für den Rechtsanwalt 25
    IV. Die Entscheidung des Rechtsanwaltes über die Durchführung des Adhäsionsverfahrens 26
        1. Nicht geeignete Verfahren 26
            a) Fehlende Erfolgsaussicht 26
            b) Verfahrensverzögerung und sonstige Nichteignung 26
            c) Verkehrsunfallsachen 27
        2. Geeignete Verfahren 27
            a) Vermeidung zusätzlicher Viktimisierung 27
            b) Steigerung der Akzeptanz des strafgerichtlichen Verfahrens ... 28
            c) Aufenthalt des Beschuldigten ist unbekannt 28
            d) Drohende Verjährung 29
            e) Zinsen 29
            f) Schwierige Beweislage 29
        3. Chancen und Risiken des Adhäsionsverfahrens 30
            a) Risiken 30
            b) Risikoreduzierung 31
    V. Verfahrensgrundsätze 31
        1. Grundsätzlicher Vorrang der Strafprozessordnung 31
        2. Vermeidung von überraschenden Entscheidungen 32
            a) Anwendung von § 139 ZPO 32
                aa) Meinungsstand 32
                bb) Reichweite 33
            b) Anspruch auf ein faires Verfahren nach Art. 6 I MRK 33
        3. Verurteilung im Adhäsionsverfahren trotz Freispruch im Strafverfahren 34

B. Das Adhäsionsverfahren in der strafrichterlichen und anwaltlichen
   Praxis 36
   I. Zulässigkeit des Adhäsionsverfahrens 36
      1. Antragsberechtigte 36
         a) Verletzter 36
         b) Erben 36
         c) Andere Rechtsnachfolger 37
         d) Insolvenzverwalter 37
         e) Prozessfähigkeit des Antragstellers 38
         f) Stellung im Verfahren 38
      2. Antragsgegner 39
         a) Beschuldigter 39
         b) Jugendliche und Heranwachsende 39
         c) Prozessfähigkeit 40
         d) Umfang der Beiordnung des Pflichtverteidigers 40
      3. Vermögensrechtlicher Anspruch 41
      4. Zuständigkeit der ordentlichen Gerichte 42
      5. Postulationsfähigkeit und anwaltliche Vertretung 42
      6. Strafverfahren 43
      7. Ordnungsmäßigkeit des Antrages 43
         a) Gegenstand des Anspruchs 43
            aa) Bezifferung des Antrages 44
            bb) Benennung des Schädigers 44
            cc) Benennung des Verletzten 45
            dd) Feststellungsanträge 45
            ee) Antrag unter Vorbehalt 45
         b) Angabe des Anspruchsgrundes 46
         c) Beweismittel 46
      8. Form des Antrags 46
      9. Zeitpunkt der Antragstellung 46
      10. Antragsrücknahme 47
   II. Das Adhäsionsverfahren bis zum Hauptverhandlungstermin 49
      1. Zustellung des Adhäsionsantrags 49
         a) Antragstellung 49
         b) Zustellung des Antrages 50
         c) Muster für die Zustellung 51
         d) Der Adhäsionsantrag im Strafbefehlsverfahren 52
      2. Die Hinweispflicht nach § 139 ZPO 54
   III. Die Behandlung des Adhäsionsantrages im Zwischenverfahren und
        die Vorbereitung der Hauptverhandlung 56
      1. Beteiligung des Adhäsionsklägers im Zwischenverfahren 56
      2. Absehensentscheidung im Zwischenverfahren 56
      3. Vorbereitung der Hauptverhandlung 56
         a) Terminierung 56
         b) Herbeischaffung von Beweisgegenständen (§ 221 StPO) 57
         c) Einstellungen im Zwischenverfahren 58

IV.	Das Adhäsionsverfahren in der Hauptverhandlung	59
	1. Anhörung statt Antragstellung	59
	2. Stellung des Adhäsionsklägers	60
	a) Teilnahmerecht	60
	b) Weitere Rechte während der Hauptverhandlung	61
	c) Befangenheitsanträge	61
	d) Problem: „Der unfreiwillig abwesende Adhäsionskläger"	61
	3. Einstellung des Strafverfahrens	62
V.	Aufgaben und taktische Erwägungen des Rechtsanwaltes	63
	1. Zusammenspiel von Nebenklage und Adhäsionsverfahren	63
	2. Verfahrenstaktische Überlegungen des Rechtsanwaltes	64
	a) Verfahrensangepasste Anträge und Schriftsätze	64
	b) Der Beweislage angepasste Vorgehensweise	65
	c) Kooperation statt Konfrontation	65
	d) Vermeidung von Kostenrisiken	66
	e) Optimierung der Nebenklage	67
	f) Einstellung des Verfahrens	67
	3. Beispiele und Muster	67
VI.	Der Vergleich im Adhäsionsverfahren	72
	1. Der gerichtliche Vergleichsvorschlag	73
	2. Die grundlegenden Förmlichkeiten eines gerichtlichen Vergleichs	76
	3. Der Inhalt des Vergleichs	76
	a) Vergleichsgegenstand	76
	b) Ratenzahlungsklauseln	78
	c) Der Erlassvergleich	79
	d) Abgeltungsklauseln	79
	4. Kostenentscheidung und Vollstreckbarkeit	80
	5. Der Widerrufsvergleich	81
	6. Einwendungen gegen die Wirksamkeit des Vergleichs	82
VII.	Das Absehen von der Entscheidung	84
	1. Fehlende Erfolgsaussicht	84
	a) Unzulässigkeit des Antrags	84
	b) Unbegründetheit des Antrags	84
	aa) Unbegründetheit aus strafrechtlichen Gesichtspunkten	84
	bb) Unbegründetheit aus zivilrechtlichen Gesichtspunkten	86
	2. Fehlende Eignung	86
	a) Höhe und Umfang der Klageforderung	87
	b) Haftungsgefahr für Pflichtverteidiger	88
	c) Schwierige Rechtsfragen	88
	d) Strafgericht als Gericht der Hauptsache gem. § 927 II ZPO	88
	e) Verfahrensverzögerung	89
	f) Schmerzensgeldansprüche	89
	g) Hinweispflicht und Beschluss	89
	3. Sofortige Beschwerde gem. § 406 a I StPO	90
VIII.	Die Adhäsionsentscheidung im Urteil	92
	1. Rubrum bei Geheimhaltungsinteresse	92
	2. Zahlungsurteil	93

	3.	Feststellungsurteil	94
	4.	Grund- und Teilurteil	95
		a) Grundurteil	95
		aa) Die Voraussetzungen sind:	95
		bb) Wirkung des Grundurteils:	97
		b) Teilurteil	97
		c) Problem: Grundurteil und unbezifferter Feststellungsantrag für die Zukunft (Schmerzensgeldansprüche)	98
	5.	Anerkenntnisurteil	100
		a) Voraussetzungen für den Erlass eines Anerkenntnisurteils und Tenorierung	100
		b) Probleme, welche im Zusammenhang mit dem Erlass eines Anerkenntnisurteils im Adhäsionsverfahren entstehenkönnen	101
		aa) Anerkenntnis als Geständnis des Angeklagten?	101
		bb) Verhältnis § 406 I 1 und 3 StPO zu § 406 II StPO	102
		cc) Das Anerkenntnis in der Rechtsmittelinstanz	103
	6.	Tatbestand und Entscheidungsgründe	104
	7.	Kosten	107
		a) § 472 a I StPO	108
		b) § 472 a II StPO	108
		c) Auferlegung der gerichtlichen Auslagen auf die Staatskasse	110
		d) Rechtsmittel	110
	8.	Rechtskraft und vorläufige Vollstreckbarkeit	111
		a) Rechtskraft	111
		b) Vorläufige Vollstreckbarkeit	111
	9.	Vollstreckung, § 406b StPO	113
	10.	Absehen von einer Entscheidung im Übrigen	113
	11.	Besonderheit: Mehrere Täter	114
		a) Eine Verantwortlichkeit mehrerer nebeneinander kann sich ergeben aus:	114
		b) Die Höhe der gesamtschuldnerischen Haftung	115
		c) Rechtsfolge im Innenverhältnis	118
IX.	Rechtsmittel und Wiederaufnahme gegen das Adhäsionsurteil		119
	1.	Rechtsmittel des Antragstellers	119
		a) Unanfechtbarkeit gem. § 406a I 2 StPO	119
		b) Fehlerhafte Gerichtsentscheidung	119
		c) Überlegungen aus rechtsanwaltlicher Sicht	119
	2.	Rechtsmittel des Angeklagten	120
		a) Einlegung	120
		b) Anfechtung des gesamten Urteils	120
		aa) Berufung	120
		bb) Revision	121
		c) Anfechtung nur des strafrechtlichen Teils des Urteils	122
		d) Anfechtung nur des zivilrechtlichen Teils des Urteils	123
	3.	Wiederaufnahme des Verfahrens	124
	4.	Rechtsmittel gegen Kostenentscheidung	124

X.	Die Bewilligung von Prozesskostenhilfe	125
	1. Das Verfahren	125
	a) Die Antragstellung	125
	b) Die Entscheidung	126
	2. Die Voraussetzungen für die Bewilligung von Prozesskostenhilfe	126
	a) Die tatsächlichen und wirtschaftlichen Verhältnisse des Antragstellers	126
	b) Die beabsichtigte Rechtsverfolgung oder Rechtsverteidigung muss hinreichende Aussicht auf Erfolg bieten und darf nicht mutwillig erscheinen, § 114 S. 1 ZPO	129
	3. Die Beiordnung eines Rechtsanwaltes, § 404 V 2 StPO	130
	4. Die Wirkung der Bewilligung	131
	5. Problem: Prozesskostenhilfe für Zivilverfahren bei Möglichkeit des Adhäsionsverfahrens	132
XI.	Gebührenrecht	137
	1. Allgemeines	137
	2. Systematik und Anwendungsbereich	137
	a) Anwendungsbereich	137
	b) Unterscheidung nach Verfahrensabschnitten	137
	c) Weitere Gebührentatbestände	138
	3. Gebühren des Rechtsanwaltes im Adhäsionsverfahren	138
	a) Allgemeiner Überblick	138
	aa) Besondere Verfahrensgebühr des Adhäsionsverfahrens	138
	bb) Wertgebühr nach dem Gegenstandswert	139
	cc) Entstehen der Gebühr	139
	(1) Entgegennahme des Auftrags	139
	(2) Vorbereitendes Verfahren	139
	(3) Berufungsverfahren	139
	dd) Erhöhung der Gebühr bei mehreren Auftraggebern	140
	ee) Zusätzliche Einigungsgebühr	140
	ff) Verhältnis der Gebührentatbestände zur Nebenklage	140
	(1) Allgemeines	140
	(2) Rahmen- u. Festgebühren	140
	(a) Grundgebühr Nr. 4100 VV	141
	(b) Gebühr für Termine außerhalb der Hauptverhandlung	141
	(c) Verfahrensgebühr im vorbereitenden Verfahren	141
	(d) Verfahrensgebühr im gerichtlichen Verfahren	142
	(e) Terminsgebühr	142
	(f) Rechtsmittel	142
	(g) Keine Pauschgebühren im Adhäsionsverfahren	142
	(3) Keine Anrechnung von Gebühren als Vertreter des Nebenklägers	143

		a) Keine Terminsgebühr	143
		b) Anrechnung im sich anschließenden Zivilverfahren	143
	4.	Beispiele	143

C. Das Adhäsionsverfahren in der staatsanwaltschaftlichen Praxis 148
    I.   Aufgaben, Befugnisse und Praxis der Staatsanwaltschaft im Adhäsionsverfahren 148
    II. Die Information von Verletzten über ihre Rechte 150
    III. Die Bedeutung von Verletzteninteressen für die Staatsanwaltschaft 153
    IV. Die Berücksichtigung von Verletzteninteressen im Ermittlungsverfahren 154
    V. Die Berücksichtigung von Verletzteninteressen im Hauptverfahren 156
    VI. Die Berücksichtigung von Verletzteninteressen im Vollstreckungsverfahren 157

D. Das Adhäsionsverfahren und Europa 158

Stichwortverzeichnis 161

Musterverzeichnis

Die Zahlen beziehen sich auf die Randnummern im Buch.

Muster für Rechtsanwälte
1. Grundfall Adhäsionsverfahren (Adhäsionsantrag) 103
2. Grundfall mit Abwandlung (Dauerfolgen, mehrere Täter) 104
3. Adhäsions- und Prozesskostenhilfeantrag 105

Muster für Staatsanwälte
1. Hinweis auf Möglichkeit zur Adhäsionsantragstellung 273
2. Adhäsionsantragsformular zur Übersendung an Verletzte 274

Muster für Richter
1. Zustellung
   Zustellung des Adhäsionsantrags (vor und nach Anklageerhebung) 71
   Zustellung des Adhäsionsantrags (bei Strafbefehlsantrag) 74
2. Strafbefehlsverfahren
   Hinweis auf Strafbefehlsverfahren an Adhäsionskläger 75
   Absehensentscheidung (nach rechtskräftigem Strafbefehl) 76
3. Gerichtliche Hinweise
   Gerichtlicher Hinweis (fehlerhafter Antrag) 78
   Gerichtlicher Hinweis zum Absehen von der Entscheidung 148
   Absehensbeschluss gemäß § 406 I 3 StPO 149
4. Der Vergleich
   Antrag auf gerichtlichen Vergleichsvorschlag 111
   Ablehnung des Antrags auf gerichtlichen Vergleichsvorschlag 113
   Vergleichsmuster – Widerruf einer Ehrverletzung 115
   Vergleichsmuster – Unterlassung 116
   Vergleichsmuster – Übertragung von Grundeigentum 117
   Vergleichsmuster – Ratenzahlung 120
   Vergleichsmuster – Erlassvergleich 121
   Vergleichsmuster – Abgeltungsklauseln 122
   Vergleichsmuster – Kostenvergleich 124
5. Das Urteil
   Rubrum 150
   Zahlungsurteil 152
   Grundurteil 157
   Feststellungsurteil 153
   Grund- und Teilurteil 162
   Anerkenntnisurteil 169
   Verurteilung von 2 Angeklagten als Gesamtschuldner 199
6. Die Kostenentscheidung
   Kostenentscheidung nach § 472a I StPO 181
   Kostenentscheidung nach § 472a II StPO 184
7. Die vorläufige Vollstreckbarkeit
   Ausspruch zur vorläufigen Vollstreckbarkeit 190

8. Prozesskostenhilfe
   Berechnung Prozesskostenhilfe 225
   Prozesskostenhilfebeschlüsse 237
9. Revision
   Aufrechterhaltung dem Grunde nach 210

Abkürzungsverzeichnis

aA	anderer Ansicht
aaO	am angegebenen Ort
abl.	ablehnend
Abschn.	Abschnitt
Abs.	Absatz
abw.	abweichend
aE	am Ende
aF	alte Fassung
AG	Amtsgericht
AGS	Anwaltsgebühren spezial (Zeitschrift)
allg.	allgemein
allgA	allgemeine Ansicht
allgM	allgemeine Meinung
aM	anderer Meinung
Aufl.	Auflage
Anh.	Anhang
Anm.	Anmerkung
ausdr.	ausdrücklich
ausf.	ausführlich
Az	Aktenzeichen
Bd.	Band
Bek.	Bekanntmachung
ber.	berichtigt
Begr.	Begründung
BGB	Bürgerliches Gesetzbuch
BGBl.	Bundesgesetzblatt
BGH	Bundesgerichtshof
BGHSt	Entscheidungen des BGH in Strafsachen
BGHZ	Entscheidungen des BGH in Zivilsachen
Bl.	Blatt
bzgl	bezüglich
bzw	beziehungsweise
Beschl.	Beschluss
bestr.	bestritten
ber.	berichtigt
bes.	besonders
bespr.	besprochen
bez.	bezüglich
BRAGO	Bundesrechtsanwaltsgebührenordnung
BR-Drucks.	Bundesratsdrucksache
bspw	beispielsweise
BT-Drucks.	Bundestagsdrucksache
BVerfG	Bundesverfassungsgericht
BverfGE	Entscheidungen des Bundesverfassungsgerichts
DAR	Deutsches Autorecht (Zeitschrift)
ders.	derselbe
dh	das heißt
dies.	dieselbe
DJT	Deutscher Juristentag
dnp	die neue polizei (Zeitschrift)
Dok.	Dokument

Abkürzungsverzeichnis

E.	Entwurf
ebd	ebenda
Einf.	Einführung
Einl.	Einleitung
einschl.	einschließlich
einschr.	einschränkend
eingetr.	eingetragen
Entw.	Entwurf
Entsch.	Entscheidung
Erkl.	Erklärung
Erl.	Erlass; Erläuterung
evtl	eventuell
entspr.	entsprechend
etc.	et cetera
e.V.	eingetragener Verein
Einl.	Einleitung
f, ff	folgende, fortfolgende
Fn	Fußnote
GA	Goltdammer´s Archiv für Strafrecht (Zeitschrift)
geänd.	geändert
gem.	gemäß
GG	Grundgesetz
ggf	gegebenenfalls
GKG	Gerichtskostengesetz
grds.	grundsätzlich
GVG	Gerichtsverfassungsgesetz
Hs	Halbsatz
hA	herrschende Auffassung
hL	herrschende Lehre
hM	herrschende Meinung
Hdb	Handbuch
Hrsg.	Herausgeber
hrsg.	herausgegeben
iA	im Auftrag
idF	in der Fassung
idR	in der Regel
idS	in diesem Sinne
iE	im Ergebnis
iHv	in Höhe von
ieS	im engeren Sinne
insb.	insbesondere
insg.	insgesamt
InsO	Insolvenzordnung
InVO	Insolvenz und Vollstreckung (Zeitschrift)
iS	im Sinne
iÜ	im Übrigen
iVm	in Verbindung mit
iwS	im weiteren Sinne
inkl.	inklusive
JGG	Jugendgerichtsgesetz
JMBl NW	Justizministerialblatt Nordrhein-Westfalen
JR	Juristische Rundschau (Zeitschrift)
JurBüro	Das juristische Büro (Zeitschrift)

JuS	Juristische Schulung (Zeitschrift)
JZ	Juristen-Zeitung (Zeitschrift)
Kap.	Kapitel
krit.	kritisch
KV	Kostenverzeichnis
LG	Landgericht
lit.	littera
Lit.	Literatur
m.Anm.	mit Anmerkung
MDR	Monatsschrift für Deutsches Recht (Zeitschrift)
mE	meines Erachtens
mN	mit Nachweisen
mWv	mit Wirkung von
mind.	mindestens
MRK	Menschenrechtskonvention
MschrKrim	Monatsschrift für Kriminologie und Strafrechtsreform (Zeitschrift)
MüKo	Münchener Kommentar, Bürgerliches Gesetzbuch, Bd. 5, Redakteur: Peter Ulmer, 4. Aufl., München 2004
mwN	mit weiteren Nachweisen
Nachw.	Nachweise
NdsRpfl	Niedersächsische Rechtspflege (Zeitschrift)
Nov.	Novelle
Nr.	Nummer
nF	neue Fassung
NJ	Neue Justiz (Zeitschrift)
NJOZ	Neue juristische Online-Zeitschrift (Zeitschrift)
NJW	Neue Juristische Wochenschrift (Zeitschrift)
NJW-RR	NJW-Rechtsprechungsreport (Zeitschrift)
n.r.	nicht rechtskräftig
NStZ	Neue Zeitschrift für Strafrecht (Zeitschrift)
NStZ-RR	NStZ-Rechtsprechungsreport Strafrecht (Zeitschrift)
n.v.	nicht veröffentlicht
NZV	Neue Zeitschrift für Verkehrsrecht (Zeitschrift)
oa	oben angegeben, angeführt
oä	oder ähnliches
og	oben genannt
OLG	Oberlandesgericht
OLG-NL	OLG-Rechtsprechung Neue Länder (Zeitschrift)
OpferRRG	Opferrechtsreformgesetz
PfVG	Pflichtversicherungsgesetz
PKH	Prozesskostenhilfe
PWW	BGB-Kommentar, hrsg. v. Hanns Prütting, Gerhard Wegen und Gerd Weinreich, 2. Aufl., Neuwied 2007
resp.	respektive
RGBl.	Reichsgesetzblatt
RiStBV	Richtlinien für das Strafverfahren und das Bußgeldverfahren
Rspr	Rechtsprechung
Rn	Randnummer
RVG	Rechtsanwaltsvergütungsgesetz
S.	Satz/Seite
s.	siehe
sog.	so genannt

Abkürzungsverzeichnis

s.a.	siehe auch
s.o.	siehe oben
SGB	Sozialgesetzbuch
StPO	Strafprozessordnung
str.	streitig/strittig
StraFo	Strafverteidiger Forum (Zeitschrift)
StV	Strafverteidiger (Zeitschrift)
s.u.	siehe unten
SVR	Straßenverkehrsrecht (Zeitschrift)
u.a.	unter anderem
uÄ	und Ähnliches
u.a.m.	und anderes mehr
uU	unter Umständen
umstr.	umstritten
unstr.	unstreitig
Urt.	Urteil
usw	und so weiter
v.	von
VersR	Versicherungsrecht (Zeitschrift)
vgl	vergleiche
vorl.	vorläufig
wN	weitere Nachweise
VO	Verordnung
VV	Vergütungsverzeichnis
ZAP	Zeitschrift für Anwaltspraxis (Zeitschrift)
zB	zum Beispiel
zT	zum Teil
zit.	zitiert
ZPO	Zivilprozessordnung
zust.	zustimmend
zutr.	zutreffend
ZVG	Zwangsversteigerungsgesetz
zzgl	zuzüglich

Literaturverzeichnis

AK/Bearbeiter, Kommentar zur Strafprozessordnung, Reihe Alternativkommentare, Bd. 3, hrsg. v. Rudolf Wassermann, Neuwied, Kriftel, Berlin 1996

Breyer, Strafrecht: Erläuterungen und Muster; hrsg. v. Steffen Breyer, Maximilian Endler und Berhard Thurn, Bonn 2006

Gerold, Rechtsanwaltsvergütungsgesetz, Kommentar, begr. von Wilhelm Gerold, fortgeführt von Herbert Schmidt, Kurt von Eicken, Wolfgang Madert, Steffen Müller-Rabe, 17. Aufl., München 2006

Hansens, Praxis des Vergütungsrechts, von Heinz Hansens, Anton Braun, Norbert Schneider, 2. Aufl., Münster 2007

Hassemer, Verbrechensopfer: Gesetz und Gerechtigkeit, Winfried Hassemer und Jan Phillipp Reemtsma, München 2002

Haupt/Weber, Handbuch Opferschutz und Opferhilfe, v. Holger Haupt und Ulrich Weber, 2. Aufl., Baden-Baden 2003

KK/Bearbeiter, Karlsruher Kommentar zur Strafprozessordnung, hrsg. v. Gerd Pfeiffer, 5. Aufl., München 2003

KMR/Bearbeiter, KMR-Kommentar zur StPO, hrsg. v. Bernd Heintschel-Heinegg und Heinz Stöckel, Loseblattsammlung, Neuwied

Löwe-Rosenberg, Die Strafprozessordnung und das Gerichtsverfassungsgesetz, Großkommentar, 6. Band, hrsg. v. Peter Rieß, 25. Aufl., Berlin, New York 2001

Meyer-Goßner, Strafprozessordnung, erl. von Lutz Meyer-Goßner, 50. Aufl., München 2007

MüKo, Münchener Kommentar, Bürgerliches Gesetzbuch, Bd. 5, Redakteur: Peter Ulmer, 4. Aufl., München 2004

Palandt/Bearbeiter, Bürgerliches Gesetzbuch, 66. Aufl., München 2007

PWW, BGB-Kommentar, hrsg. v. Hanns Prütting, Gerhard Wegen und Gerd Weinreich, 2. Aufl., Neuwied 2007

Schneider, Rechtsanwaltsvergütungsgesetz, Anwaltkommentar, hrsg. von Norbert Schneider, 3. Aufl., Bonn 2006

Schroth, Die Rechte des Opfers im Strafprozess, Heidelberg 2005

SK-StPO/Bearbeiter, Systematischer Kommentar zur Strafprozessordnung und zum Gerichtsverfassungsgesetz, Loseblattsammlung, von Hans-Joachim Rudolphi u.a.

Thomas/Putzo/Bearbeiter, Zivilprozessordnung, begr. von. Heinz Thomas und Hans Putzo, 28. Aufl., München 2007

Vorwerk/Bearbeiter, Das Prozessformularbuch, hrsg. v. Volker Vorwerk, 7. Aufl., Köln 2002

Widmaier/Bearbeiter, Münchener Anwaltshandbuch: Strafverteidigung, hrsg. v. Gunter Widmaier, München 2006

Zöller/Bearbeiter, Zivilprozessordnung, begr. von Richard Zöller, 26. Aufl., Köln 2007

A. Grundlagen und Verfahrensgrundsätze

I. Rechtspolitischer Hintergrund und Entwicklung

Das Adhäsions- oder Anhangsverfahren der §§ 403–406 c StPO bietet dem Verletzten die Möglichkeit, seine zivilrechtlichen Ansprüche auf Schadensersatz und Schmerzensgeld, die normalerweise vor den Zivilgerichten zu verfolgen wären, bereits im Strafverfahren geltend zu machen. Ein gesonderter Zivilprozess ist nicht notwendig.

Das Adhäsionsverfahren wurde 1943 in die Strafprozessordnung aufgenommen.[1] Die damalige Einführung ist nicht unter dem Einfluss nationalsozialistischer Ideologie entstanden.[2] Sie gilt in erster Linie als Versuch, eine Rechtstradition wiederzubeleben.[3] Historisch betrachtet wurde nämlich kein Neuland betreten, vielmehr handelte es sich um die Einführung einer Verfahrensart, die schon im gemeinen Recht bekannt war und bis 1877 in den Partikulargesetzbüchern des 19. Jahrhunderts eine Rolle spielte.[4] So erklärt sich auch, dass das Adhäsionsverfahren in der Neufassung der Strafprozessordnung durch das Vereinheitlichungsgesetz von 1950 nach dem Ende des 2. Weltkriegs erhalten blieb.[5] Ein rechtsvergleichender Blick auf andere europäische Rechtsordnungen zeigt, dass nicht nur in den Nachbarländern Deutschlands, sondern auch in dem romanischen Rechtsraum, sowie auch im angloamerikanischen und skandinavischen Bereich, eine Kompensation von Schaden im Strafverfahren vorgesehen ist.[6] Das Verfahren ist heute, neben dem Rechtsinstitut der Nebenklage, ein weiteres Opferschutzinstrument. Es ist wesentlicher Bestandteil einer „opferbezogenen Strafrechtspflege".[7]

II. Praktische Bedeutung des Adhäsionsverfahrens

Das Adhäsionsverfahren hatte bis vor einigen Jahren nur wenig praktische Bedeutung.[8] Die Strafgerichte hatten von den weitreichenden Möglichkeiten wegen Nichteignung von einer Entscheidung abzusehen, häufigen Gebrauch gemacht. Deswegen dürften viele Verletzte keine Anträge gestellt haben; auch Rechtsanwälte hielten sich in der Beratung zurück. Außerdem hatte die zivilgerichtliche Streitwertgrenze die Durchführung der Adhäsionsverfahren vor den Amtsgerichten begrenzt. Insbesondere durch die Änderungen durch das Opferschutzgesetz vom 18.12.1986,[9] maßgeblich durch das Opferrechtsreformgesetz (OpferRRG) vom 26.4.2004[10] wurde versucht,

---
1 3. VO zur Vereinfachung der Strafrechtspflege vom 29.5.1943, RGBl. I, 341.
2 Köckerbauer, Die Geltendmachung zivilrechtlicher Ansprüche im Strafverfahren – der Adhäsionsprozeß, NStZ 1994, 305; Rieß, Gutachten zum 55. DJT, Bd. I Teil C, Rn 41, Fn 150.
3 Schroth, Rn 318 mwN.
4 Vgl. Meier/Dürre, Das Adhäsionsverfahren, NJ 2006, 18, 19 mwN.
5 Rössner/Klaus, Für eine opferbezogene Anwendung des Adhäsionsverfahrens, NJ 1996, 288.
6 Neidhart, DAR 2006, 415; Höynck/Jesionek, Die Rolle des Opfers im Strafverfahren in Deutschland und Österreich nach den jüngsten opferbezogenen Reformen des Strafverfahrensrechts: Österreich als Modell, MschrKrim 2006, Heft 2, S. 88 ff; Rössner/Klaus, NJ 1996, 288.
7 Vgl. Rössner/Klaus, NJ 1996, 288 ff mwN.
8 Vgl. Meier/Dürre, NJ 2006, 18, 19 mwN.
9 BGBl. I, 2496.
10 BGBl. I, 1354.

dem Adhäsionsverfahren in der Gerichtspraxis mehr Bedeutung zu geben. Das OpferRRG strebt an, dass das Verfahren die Regel und nicht mehr die Ausnahme ist. Die Möglichkeit der Gerichte, das Verfahren wegen vermuteter Verzögerung abzulehnen, wurde eingeschränkt. Über Ansprüche auf Schmerzensgeld ist im Regelfall zu entscheiden. Grund-, Anerkenntnis-, und Teilurteile sind ebenso wie ein Vergleichsabschluss vorgesehen. Auch in Verfahren gegen Heranwachsende ist nunmehr das Adhäsionsverfahren uneingeschränkt zulässig. Dies wurde für das Recht des Adhäsionsverfahrens zuletzt durch das 2. Justizmodernisierungsgesetz vom 22.12.2006[11] eingeführt.

Langsam steigende Zahlen belegen eine vermehrte Akzeptanz.[12]

III. Vor- u. Nachteile des Adhäsionsverfahrens

3   Es bestehen, abgesehen von dem Unwillen einzelner Verfahrensbeteiligten in der Anwendung des Verfahrens,[13] der in der Rechtspraxis gelegentlich mit Äußerungen wie „mit „zivilistischen Ansprüchen befassen wir uns nicht" oder „das Opfer will doch nicht den Eindruck erwecken, es gehe ihm nur um Geld" anzutreffen ist, seit jeher diskussionswürdige Bedenken. Diese sind auch noch nach den jüngsten Gesetzesänderungen festzustellen. Sie basieren vor allem auf der forensischen Verschiedenheit von Straf- und Zivilgerichten.[14] Die Doppelstellung des Verletzten als Anspruchssteller und Zeuge wird ebenso wie eine mögliche Behinderung der Verteidigung durch evtl auftretenden Druck auf den Angeklagten kritisiert. Des Weiteren wird behauptet, die Strafgerichte seien mit der Behandlung von Schadensersatzansprüchen und der Beachtung zivilprozessualer Vorschriften überfordert.

4   Insbesondere die Kritikpunkte mit dogmatischem Ansatz sind ernst zu nehmen. Allerdings greifen sie letztlich nicht durch. Im Adhäsionsverfahren ist der Verletzte gleichzeitig Partei und Zeuge. Dies ist unstreitig ein Vorteil des Adhäsions- gegenüber dem Zivilverfahren. Ein Ausgleich ist dadurch herzustellen, dass dem zivilrechtliche Ansprüche verfolgenden Opferzeugen vor Augen geführt wird, dass Verfolgungseifer zu eigenen Gunsten vom Richter bemerkt werden wird und die eigene Zeugenaussage bis zur Wertlosigkeit entwerten kann.[15] Der prozessuale Vorteil des Verletzten wird auch dadurch ausgeglichen, dass der Angeklagte nur verurteilt wird, wenn letzte Zweifel gegen seine Unschuld ausgeräumt sind.[16] Im Übrigen ist es unter Glaubwürdigkeitsgesichtspunkten vorteilhaft zu wissen, welche wirtschaftlichen Interessen ein Opferzeuge hat.[17]

---

11 BGBl. I, 3416.
12 Vgl. Opferschutzbericht des Niedersächsischen Justizministeriums 2007, S. 21.
13 Vgl. Krumm, Das Adhäsionsverfahren in Verkehrsstrafsachen, SVR 2007, 41.
14 Loos, Probleme des neuen Adhäsionsverfahrens, GA 2006, 195 ff; Meyer-Goßner, Vor 403, mwN; SK-StPO/ Velten, Vor §§ 403-406 c Rn 4.
15 Widmaier/Kauder, MAH Strafverteidigung, § 53 Rn 59.
16 Widmaier/Kauder, MAH Strafverteidigung, § 53 Rn 59.
17 Widmaier/Kauder, MAH Strafverteidigung, § 53 Rn 59.

III. Vor- u. Nachteile des Adhäsionsverfahrens

Eine Gesamtschau zeigt, dass das Verfahren eine Vielzahl von Vorzügen bietet: 5

1. Für den Verletzten

- die Möglichkeit, seine besonderen tatbedingten Belastungen dem Gericht deutlich zu machen
- Vermeidung belastender Doppelvernehmungen
- die Möglichkeit, schnell einen Vollstreckungstitel zu erlangen
- die Ausnutzung des strafprozessualen Amtsermittlungsgrundsatzes
- bessere Beweismöglichkeiten in den so genannten „Aussage gegen Aussage" Fällen
- Auslagenvorschüsse sind weder für Zeugen noch für Sachverständige erforderlich
- kein Gerichtskostenvorschuss
- keine Streitwertbeschränkungen vor dem Amtsgericht
- kein Erwachsen in Rechtskraft, soweit der Antrag ganz oder teilweise abgelehnt wird
- höhere Vergleichsbereitschaft des Angeklagten, da das Verfahren die Chance bietet, für ihn günstige Momente eines informellen Täter-Opfer-Ausgleichs als Strafmilderungsgrund zu berücksichtigen

2. Für den Angeklagten 6

- Schadenswiedergutmachung ist ein schuldmindernder Gesichtspunkt (§ 49 II StGB, § 46 a StGB)[18]
- Minimierung von Belastungen, da auch dem Angeklagten nicht nur ein weiteres Verfahren, sondern auch eine Beschäftigung mit den damit einhergehenden Begleiterscheinungen erspart wird
- Kostenersparnis im Falle einer Verurteilung durch Vermeidung eines zusätzlichen oder mehrerer Rechtsmittelverfahren

3. Für die Allgemeinheit 7

- Wiederherstellung oder Förderung des Rechtsfriedens im Falle einer einvernehmlichen Lösung
- Entlastung der Gerichte
- Kosten- und Zeitersparnisse schonen sowohl staatliche Ressourcen als auch die öffentlichen Haushalte

4. Für den Rechtsanwalt 8

- lukrative Gebührentatbestände; entgegen landläufiger Meinung ist das Adhäsionsverfahren sowohl für den Vertreter des Verletzten als auch für den Verteidiger des Angeklagten finanziell lohnenswert. Allein für das Betreiben des Adhäsionsverfahren erhält er in der 1. Instanz nach Nr. 4143 des Vergütungsverzeichnisses zum Rechtsanwaltsvergütungsgesetz den zweifachen Satz aus § 13 RVG, Erhöhungen sind fallabhängig möglich,[19] vgl im Übrigen XI. Gebührenrecht
- keine Gebührenanrechnung bei gleichzeitiger Nebenklagevertretung
- die Adhäsionsantragsschrift ist einfacher und schneller abzusetzen als eine Klageschrift

---

18 Widmaier/Kauder, MAH Strafverteidigung, § 53 Rn 59.
19 So auch Widmaier/Kauder, MAH Strafverteidigung, § 53 Rn 68.

IV. Die Entscheidung des Rechtsanwaltes über die Durchführung des Adhäsionsverfahrens

9   Der Rechtsanwalt des Verletzten ist gehalten, genau zu überlegen, ob der ihm vorgetragene Lebenssachverhalt, unter besonderer Berücksichtigung der Person seines Mandanten, für die Durchführung eines Adhäsionsverfahrens in Betracht kommt.

Dabei empfiehlt es sich in drei Schritten vorzugehen: nach vollständiger Akteneinsicht sollte zuerst, nach einer Art Ausschlussprinzip, die Eignung des Verfahrens an sich geprüft werden. Im zweiten Schritt sind die Chancen und Risiken des Vorgehens abzuwägen. Der dritte Schritt ist dann die Abwägung der zuvor gewonnenen Erkenntnisse unter Beachtung verfahrenstaktischer Überlegungen.

1. Nicht geeignete Verfahren

10 Durch das OpferRRG wurden die bisherigen §§ 405, 405 StPO in § 406 StPO zusammengefasst und völlig neu gestaltet. Die Regelungen bezwecken den bislang festzustellenden Regelfall, aus verfahrensökonomischen Gesichtspunkten von einer Entscheidung abzusehen, umzukehren. Die Hürden zur Ablehnung wurden erhöht. Dennoch können die Gerichte nach wie vor von einer Entscheidung absehen. Folgende Fallgestaltungen sind zu beachten:

a) Fehlende Erfolgsaussicht

11 Die Frage der Erfolgsaussichten ist genau zu prüfen. Der Antrag muss zulässig und begründet sein. Die erforderliche Prüfung ähnelt der üblichen Vorgehensweise im Zivilprozess. Zu beachten ist, dass keine zusprechende Entscheidung im Adhäsionsverfahren ergeht, wenn der Angeklagte weder verurteilt noch eine Maßregel der Besserung und Sicherung angeordnet wird. Der Rechtsanwalt ist gut beraten, gerade bei ungewisser und „wackliger" Beweislage, den Adhäsionsantrag entweder gar nicht, oder erst kurz vor dem Schluss der Beweisaufnahme zu stellen.

Bei der so genannten Aussage gegen Aussage-Konstellation gilt dies umso mehr. Einfacher ist die Entscheidung beispielsweise dann, wenn im Falle einer gleichzeitigen Nebenklage ein erstes vorläufiges positives Glaubhaftigkeitsgutachten der Aussage des Verletzten vorliegt.

b) Verfahrensverzögerung und sonstige Nichteignung

12 Es ist anerkannt, dass nur ein außergewöhnlicher Fall zur Bejahung der Verfahrensverzögerung führen kann.[20] Dabei gilt, dass auch von einem Strafrichter grundsätzlich zu verlangen ist, dass er sich auch mit Zivilrecht befasst[21]. Zu beachten sind vielmehr insbesondere die nachfolgenden Konstellationen:

13 Bei Haftsachen dürfte eine erhebliche Verzögerung eher anzunehmen sein als bei anderen Verfahren.[22] Jedoch dürfte bei länger dauernden Hauptverhandlungen die An-

---

[20] Löwe-Rosenberg/Hilger, § 405 Rn 11 mwN.
[21] Vgl. SK-StPO/Velten, § 405 Rn 9.
[22] LG Hildesheim, Beschl. v. 23.1.2007, – 25 KLs 5413 Js 18030/06 –, bestätigt durch OLG Celle, Beschl. v. 22.2.2007, – 1 Ws 74/07 –.

IV. Entscheidung des Rechtsanwaltes über die Durchführung des Adhäsionsverfahrens

nahme einer erheblichen Verzögerung schwierig sein, insbesondere dann, wenn das Gericht durch einen Einschub weiterer Verhandlungstage, zwischen den bereits terminierten, Verzögerungen verhindern könnte; oder wenn der eigentliche Verzögerungsgrund eine mangelhafte Terminsvorbereitung bzw ein sonstiger Umstand aus dem Verantwortungsbereich des Gerichts ist.[23]

Unter Hinweis auf die ausführliche Darstellung Rn 128 ff. sind folgende Fälle zu beachten:

- außergewöhnliche Schwierigkeit der zivilrechtlichen Materie[24]
- komplexe Fragen des Internationalen Privatrechts[25]
- komplexe Fragen des Handels- oder Gesellschaftsrechts
- exorbitante Höhe eines Schmerzensgeldanspruchs (26,4 Millionen €)[26]
- Kumulation von Höhe der Klageforderung, Haftungsgefahren etc.

c) Verkehrsunfallsachen

In Verkehrsunfallsachen kommt ein Adhäsionsverfahren selten in Betracht. Es bestehen keine Möglichkeiten den Haftpflichtversicherer im Adhäsionsverfahren in Anspruch zu nehmen. Es verbleiben die Fälle, in denen der Fahrer ohne Haftpflichtversicherungsschutz gefahren ist. Ungeeignet ist das Adhäsionsverfahren außerdem dann, wenn Ansprüche aus Gefährdungshaftung zu klären sind.

2. Geeignete Verfahren

Der Frage, welche Verfahren als geeignet für das Adhäsionsverfahren anzusehen sind, kann auf verschiedenen Wegen beantwortet werden. Dabei gilt zunächst, dass ein Adhäsionsverfahren vor allem dann in Betracht kommt, wenn es um die **Geltendmachung einer Schmerzensgeldforderung** geht. Die Erfolgsaussicht ist in diesem Bereich am größten (§ 406 I 6 StPO). Bei der Überlegung ein derartiges Verfahren durchzuführen und ob zusätzlich oder gesondert weitere **Schadensersatz-, Unterlassung-, oder Beseitigungsansprüche** geltend gemacht werden, sind die nachfolgenden Gesichtspunkte einzubeziehen:

a) Vermeidung zusätzlicher Viktimisierung

Die Durchführung eines Adhäsionsverfahrens ist auf jeden Fall immer dann zu erwägen, wenn der Verletzte Opfer einer schweren Straftat, insbesondere eines Gewalt- oder Sexualverbrechens geworden ist. Die Opfer solcher Straftaten sind regelmäßig besonders psychisch belastet. Die Durchsetzung der berechtigten Ansprüche in einem gesonderten, sich dem Strafverfahren anschließenden Verfahren vermeidet Doppelbelastungen. Belastende Mehrfachvernehmungen und Verhandlungstermine können durch das Adhäsionsverfahren vermieden werden. Zudem ist das Adhäsionsverfahren im Vergleich zum Zivilverfahren deutlich zügiger und risikoärmer als ein Zivilprozess.

---

23 Löwe-Rosenberg/Hilger, § 405 Rn 11 mwN.
24 AK-Schöch, § 405 Rn 11.
25 BGH, wistra 2003, 151, 152.
26 LG Wuppertal, NStZ-RR 2003, 179.

Es ist gesicherte wissenschaftliche Erkenntnis, dass gerade auch Gerichtsverfahren zu erneuten Viktimisierungen der Verletzten (sog. sekundäre oder tertiäre Viktimisierung) führen können. Diese gesundheitlichen Risikofaktoren können durch ein sachgerecht geführtes Adhäsionsverfahren reduziert werden.

b) Steigerung der Akzeptanz des strafgerichtlichen Verfahrens

17 Bestehende systemimmanente „strafprozessuale Defizite" können bei der Durchführung des Adhäsionsverfahrens kompensiert werden. Gerade Verletzten, die Opfer schwerster Straftaten geworden sind, fällt es immer wieder schwer die Besonderheiten des Strafprozesses zu verstehen. Ihnen ist nur schwer zu vermitteln, dass eine Straftat im Rechtssinne nicht primär die Verletzung eines Menschen, sondern die eines Gesetzes ist. Sie können nur sehr schwer verstehen, dass im Strafprozess nur über die Verletzung eines für sie abstrakten Rechtssatzes verhandelt wird. Denn im Strafprozess rankt sich das Prozessrecht im Wesentlichen um die Verletzung eines Gesetzes und den Beweis von Schuld oder Nichtschuld des Angeklagten.

Auch durch die Nebenklage wird im Strafverfahren nicht primär das persönliche Leid und damit die Interessen der Opfer auf gerichtliche Feststellung, dass ihnen persönlich Unrecht zugefügt worden ist, Verfahrensgegenstand. Diese persönliche Betroffenheit wird erst verfahrensrechtlich gesichert durch das Adhäsionsverfahren, als einem eigenen Verfahren im Verfahren mit teilweise anderem nicht generell zum Strafprozessrecht gehörendem Recht. Dem Angeklagten (und auch allen anderen Verfahrensbeteiligten) wird vor Augen geführt, welche Tatfolgen und vor allem welches persönliches Leid entstanden sind.

Letztlich wird dann im Urteil des Strafgerichts deutlich, dass nicht nur eine Strafe wegen einer Straftat verhängt wird, denn die Zuerkennung von Schmerzensgeld und materiellem Schadensersatz ist die staatliche Anerkennung, dass dem Verletzten auch Schmerzen, Leid und sonstige Schäden vom Angeklagten zugefügt wurden.[27]

Der verletzte Mensch rückt im wohlverstandenen Sinne einer „opferbezogenen Strafrechtspflege"[28] in das juristische Blickfeld.[29] Das Adhäsionsverfahren bietet dem Verletzten die Möglichkeit, seine besonderen tatbedingten Belastungen dem Gericht deutlich zu machen und durch die richterliche Entscheidung staatlicherseits bestätigt zu bekommen.

c) Aufenthalt des Beschuldigten ist unbekannt

18 Wenn der Aufenthalt des Beschuldigten unbekannt ist, ist ein Adhäsionsverfahren, möglicherweise auch zur Vermeidung von Haftungsrisiken im Innenverhältnis zum Mandanten, dringend anzuraten. Der Adhäsionsantrag hat gem. § 404 II StPO dieselbe Wirkung wie die Erhebung der Klage im bürgerlichen Rechtsstreit. Maßgeblicher Zeitpunkt der „Rechtshängigkeits"-Wirkungen ist allerdings, im Gegensatz zum

---

27 Weiner, Opfer- u. Verletztenrechte, dnp 2006, 6, 8.
28 Rössner/Klaus, NJ 1996, 288 ff mwN.
29 Weiner, dnp 2006, 6, 8.

IV. Entscheidung des Rechtsanwaltes über die Durchführung des Adhäsionsverfahrens

Zivilprozess, nicht die Zustellung, sondern bereits der Eingang der Antragsschrift bei Gericht.

Wichtigste Folge der Rechtshängigkeit ist bekanntlich Hemmung der Verjährung.

d) Drohende Verjährung

Da erfahrungsgemäß viele Rechtsanwälte oftmals „in Ruhe abwarten" wie das Strafverfahren ausgeht, um dann die Erfolgsaussichten eines zivilgerichtlichen Vorgehens zu prüfen, droht die Verjährung der zivilrechtlichen Ansprüche. Die regelmäßige zivilrechtliche Verjährungsfrist von drei Jahren „verrinnt" sehr schnell, insbesondere wenn dem Strafverfahren Rechtsmittelverfahren folgen. Dies kann aus den unter c) Rn 18 aufgeführten Gründen vermieden werden.

19

e) Zinsen

In der anwaltlichen Praxis werden Zinsansprüche oftmals in ihrer Bedeutung und Wirkung unterschätzt. Dies gilt vor allem dann, wenn der Schuldner während des Verfahrens einkommens- oder vermögenslos ist. Ein titulierter Zinsanspruch hilft, dass auch in 15 oder 20 Jahren, dann bei geänderten wirtschaftlichen Verhältnissen, ein Vollstreckungsversuch zusätzlich Sinn macht. Bekanntlich können sich über Jahre auflaufende Zinsen zu stattlichen Beträgen entwickeln.

20

Dabei ist zu beachten, dass zivilrechtlich betrachtet oftmals keine Möglichkeit besteht, den Schädiger als Schuldner in Verzug zu setzen, da sein Wohnsitz unbekannt ist. Gerade zu diesem Zweck ist das Vorziehen der Rechtshängigkeit durch den Adhäsionsantrag von Relevanz. Vom angeklagten Schädiger können dann nämlich die Zinsen nach § 291 ZPO wegen § 404 Abs. II StPO bereits ab Eingang des Antrags bei Gericht verlangt werden. Sogar im Falle eines Grundurteils kann das Gericht eine Verzinsung mittenorieren.[30]

f) Schwierige Beweislage

Sofern keine weiteren Zeugen oder Beweismittel den Angeklagten überführen können, bestehen in den klassischen Aussage gegen Aussage-Konstellationen bessere Beweismöglichkeiten im Adhäsionsverfahren. Ansonsten gibt es oftmals erhebliche Beweisschwierigkeit auf der Seite der Verletzten. Neben der Ausnutzung des strafprozessualen Amtsermittlungsgrundsatzes kann der Antragsteller nicht nur Zeuge im Strafverfahren, sondern auch „Beweismittel in eigener Sache" sein. Der zivilprozessuale Beibringungsgrundsatz gilt nicht. Der Antragsteller hat keine dem Zivilprozess entsprechende Darlegungs- u. Beweislast.

21

Der Antragsteller hat zudem keinen Auslagenvorschuss wie im Zivilprozess gem. §§ 379, 402 ZPO zu leisten. Die Beweiserhebung darf nicht von der Erhebung eines Kostenvorschusses abhängig gemacht werden.

---

30 BGHSt 47, 378 = NJW 2002, 3560.

3. Chancen und Risiken des Adhäsionsverfahrens

a) Risiken

22 Der Rechtsanwalt ist verpflichtet, seinen Mandanten über die Chancen und Risiken des Adhäsionsverfahrens aufzuklären. Erhöhter Klärungs- und Beratungsbedarf ergibt sich auch deshalb, weil das Verfahren in weiten Teilen bis zum Jahre 2004 keine große praktische Bedeutung hatte, neue gesetzliche Regelungen dazu kamen und neben Akzeptanzproblemen einige ungeklärte Rechtsfragen zu beachten sind. Obwohl das Verfahren in der Literatur immer wieder als „weitgehend risikoarm"[31] bezeichnet wird, hält dies einer näheren Betrachtung nicht stand. Neben den einhergehenden Belastungen für den Verletzten bei negativem Verfahrensverlauf, können ihm auferlegte Verfahrenskosten neben der materiellen auch zu einer viktimisierenden Belastung führen. Daher sind mit dem Mandanten die Kostenrisiken gründlich zu erörtern. Diese verbleiben ihm immer.

23 Außerdem ist es ein Risiko des Adhäsionsverfahrens, dass nach wie vor einige Gerichte versuchen werden, über einen Adhäsionsantrag wegen dessen Nichteignung, insbesondere der Gefahr der erheblichen Verfahrensverzögerung, nicht oder nicht positiv zu entscheiden. Die Einschränkung der Eignungsklausel durch das OpferRRG in den Regelungen § 406 I 4, 5 StPO wird im Einzelfall möglicherweise nicht verhindern, von einer Entscheidung abzusehen, wenn die Zuerkennung eines Anspruchs nicht für begründet betrachtet wird. Es besteht zwar die Beschwerdemöglichkeit nach § 406 a I StPO, wenn der Antrag vor Beginn der Hauptverhandlung eingereicht worden ist. Ob diese Vorschrift dann noch greifen kann, wenn das Gericht zunächst von der Eignung ausgeht, dann aber erst in der Hauptverhandlung oder nach der Beweisaufnahme feststellt, dass die Eignung fehlt, ist fraglich. Die Absehensentscheidung ist mit einem erhöhten Kostenrisiko verbunden. Das Gericht entscheidet in solchen Fällen gem. § 472 a II 1 StPO nach billigem Ermessen, wer die entstandenen Auslagen des Gerichts und der Verfahrensbeteiligten trägt. Schließlich ist bei Anträgen auf Schmerzensgeld zu beachten, dass diese bei einem nicht vollständigen Zusprechen zu einer negativen Kostenfolge führen können. In der forensischen Praxis ist immer wieder festzustellen, dass einige Gerichte bei der Kostenentscheidung nach § 472 a II 1 StPO im Rahmen der Billigkeitsentscheidung das Verursacherprinzip nicht beachten. Es wird ausschließlich nach herkömmlichen zivilprozessualen Grundsätzen des Obsiegens bzw Unterliegens entschieden.

24 Daneben besteht auch immer die Möglichkeit für das Gericht, das Verfahren nach § 153 a ff StPO einzustellen oder es durch Strafbefehl zu beenden. Ein zu früh gestellter Adhäsionsantrag läuft dann nicht nur ins Leere, sondern dem Verletzten droht eine Belastung mit den Verfahrenskosten.

---

31 Vgl. Krumm, SVR 2007, 41.

b) Risikoreduzierung

Allerdings können die Verfahrensrisiken in mehreren Schritten minimiert werden: 25

1. Ein Adhäsionsverfahren kann nur dann mit Aussicht auf Erfolg geführt werden, wenn die Voraussetzungen der Zulässigkeit und Begründetheit des Antrages gem. §§ 403 ff StPO vorliegen. Dies ist, wie eingangs ausgeführt, nach dem Ausschlussprinzip genau zu prüfen.
2. Die ergangene Rechtsprechung zu Fällen der Nichteignung ist als Prüfungskriterium heranzuziehen.
3. Adhäsionsanträge können unter dem Vorbehalt vorheriger Bewilligung von Prozesskostenhilfe gestellt werden.
4. Ein Antrag kann zunächst noch nicht formal, sondern nur zur Information der Verfahrensbeteiligten gestellt werden. Dies bietet die Möglichkeit, die Einschätzung der Verfahrensbeteiligten und insbesondere des Gerichts auszuloten.
5. Nicht nur im Falle der Bewilligung von Prozesskostenhilfe für den eigenen Mandanten kann es angezeigt sein, darauf zu dringen, dass auch der Angeklagte PKH bewilligt bekommt. Dies mindert das eigene Kostenrisiko.
6. Verwendung speziell abgestimmter Anträge und Schriftsätze.

Neben der Beachtung dieser Punkte sind insbesondere taktische Überlegungen anzustellen. Diese werden in Ergänzung zu vorstehenden Ausführungen, Rn 91 ff, näher dargestellt.

V. Verfahrensgrundsätze

1. Grundsätzlicher Vorrang der Strafprozessordnung

Soweit nicht ausdrücklich auf zivilprozessuale Vorschriften verwiesen wird (zB § 404 V iVm §§ 114 ZPO) oder es wegen einer strafprozessualen Regelungslücke oder Unklarheit angezeigt ist (zB § 406 iVm §§ 313 b I ZPO), sind für den Adhäsionsantrag und die Entscheidung darüber die Verfahrensgrundsätze der Strafprozessordnung maßgeblich. 26

Die Verantwortung für die Richtigkeit und Vollständigkeit der Tatsachenermittlung obliegt nach § 244 II StPO dem Strafrichter im Strengbeweisverfahren, was auch für den zivilrechtlichen Anspruch gilt.[32] Der zivilprozessuale Beibringungsgrundsatz gilt daher nicht.

Für den Antragsteller kann das von Vorteil sein, wenn ihm keine Zeugen zur Verfügung stehen. Er hat keine dem Zivilprozess entsprechende Darlegungs- u. Beweislast. Der Antragsteller hat zudem keinen Auslagenvorschuss wie im Zivilprozess gem. §§ 379, 402 ZPO zu leisten. Die Beweiserhebung darf nicht von der Erhebung eines Kostenvorschusses abhängig gemacht werden. Für die Schadensermittlung gilt im Adhäsionsverfahren ebenso wie im Zivilprozess die Beweiserleichterung des § 287 ZPO. Dies bedeutet, dass das Gericht hierüber unter Würdigung aller Umstände nach

---

32 Meyer-Goßner, § 404 Rn 11.

A. Grundlagen und Verfahrensgrundsätze

seiner freien Überzeugung entscheidet.[33] Dies umfasst auch die Kausalität zwischen haftungsbegründendem und haftungsausfüllendem Tatbestand sowie Feststellungen zur Schadenshöhe.[34] Soweit eine Schätzung zulässig ist, kann das Gericht auch Beweisanträge ablehnen.[35]

2. Vermeidung von überraschenden Entscheidungen
a) Anwendung von § 139 ZPO
aa) Meinungsstand

27 Es wird kontrovers diskutiert, ob die zivilprozessuale Vorschrift des § 139 ZPO im Adhäsionsverfahren Anwendung findet. Die Pflicht zum Hinweis auf entscheidungserhebliche Gesichtspunkte dient vor allem der Vermeidung von Überraschungsentscheidungen und konkretisiert damit den Anspruch auf rechtliches Gehör.

Im Rahmen der Diskussion geht es darum, ob die Vorschrift überhaupt oder beschränkt auf die Hinweispflicht sachdienliche Anträge[36] zu stellen angewendet wird, oder in § 244 II StPO aufgeht.[37]

Vorzugswürdig ist die Ansicht, die davon ausgeht, dass § 139 ZPO insgesamt auch im Adhäsionsverfahren entsprechend gilt.[38] Im Ergebnis ist die für das Zivilverfahren selbstverständliche Bestimmung auch bei den an sich zivilrechtlichen Ansprüchen im Adhäsionsverfahren anzuwenden. Letztlich haben sowohl der Antragsteller als auch der Angeklagte ein Recht auf die Vermeidung von für sie überraschenden Entscheidungen. Dass die Hinweispflichten quasi „für beide Parteien" gelten, wird in den Diskussionen oft nicht deutlich. Die entsprechenden Hinweispflichten gelten sowohl für den Verletzten und Antragsteller als auch zugunsten des Angeklagten und Antragsgegners.[39]

Diese Reichweite ergibt sich nicht nur aus dem Wortlaut der Vorschrift sondern auch aus dem Grundsatz des fairen Verfahrens nach § 6 I der Konvention zum Schutz der Menschenrechte und Grundfreiheiten (MRK) vom 4.11.1950[40] idF v. 17.5.2002.[41] Dieser Rechtsgrundsatz gilt sowohl für die Straf- als auch für die Zivilrechtsbarkeit,[42] mithin auch für das Adhäsionsverfahren. Die Meinung, die zu einem „Aufgehen" in § 244 II StPO tendiert, ist von der Wirkung her letztlich die Anwendung der sich aus § 139 ZPO ergebenden Pflichten. Im Ergebnis ist daher festzuhalten, dass die dem Gericht obliegenden Pflichten des § 139 I ZPO auch im Adhäsionsverfahren gelten.

---

33 Meier/Dürre, JZ 2006, 18, 22 mwN.
34 Meyer-Goßner, § 404 Rn 11 mwN; KMR-Stöckel, § 404 Rn 12 mwN; SK-StPO/Velten, § 404 Rn 12.
35 SK-StPO/Velten, § 404 Rn 12 mwN.
36 Vgl. Loos, GA 2006, 195, 200 mwN.
37 Vgl. Loos, GA 2006, 195, 200 mwN.
38 Plüür/Herbst, Das Adhäsionsverfahren im Strafprozess, NJ 2005, 153, 154 mwN.
39 Darauf, dass dieser Umstand regelmäßig nicht erwähnt wird, weist zu Recht hin Loos, GA 2006, 195, 200 Fn 26.
40 BGBl. 1952, II 685.
41 BGBl. II, 1054.
42 Meyer-Goßner, Anh. 4, Art. 6 Rn 1 mwN.

bb) Reichweite

Nach § 139 ZPO obliegt dem Gericht die materielle Prozessleitung. Abs. I S. 1 schreibt vor, dass das Gericht das Sach- und Streitverhältnis, soweit dies erforderlich ist, mit den Parteien nach der tatsächlichen und rechtlichen Seite zu erörtern und Fragen zu stellen hat. Nach S. 2 hat es dahin zu wirken, dass die Parteien sich rechtzeitig und vollständig über alle erheblichen Tatsachen erklären, insbesondere ungenügende Angaben zu den geltend gemachten Tatsachen ergänzen, die Beweismittel bezeichnen und sachdienliche Anträge stellen. Gemäß § 139 II 1 ZPO darf das Gericht auf einen Gesichtspunkt, den eine Partei erkennbar übersehen oder für unerheblich gehalten hat seine Entscheidung nur stützen, wenn es darauf hingewiesen und Gelegenheit zur Äußerung gegeben hat. Nach § 139 II 2 ZPO gilt dasselbe für einen Gesichtspunkt, den das Gericht anders beurteilt als die Parteien. Sie erstreckt sich auf rechtliche und tatsächliche Gesichtspunke und reicht weiter als § 278 III ZPO aF.[43] Gem. § 139 IV 1 Hs 1 ZPO sind die Hinweise möglichst früh zu erteilen. Das ist dann der Fall, wenn die Voraussetzungen einer Hinweispflicht erkannt werden, idR also schon bei Stellung des Antrags oder der Terminsvorbereitung.[44]

Unabhängig davon gilt die Bestimmung des § 406 V StPO, wonach das Gericht die Verfahrensbeteiligten so früh wie möglich darauf hinzuweisen hat, wenn es von einer Entscheidung über den Antrag absehen will. Zur Reichweite der Hinweispflicht siehe Rn 77.

b) Anspruch auf ein faires Verfahren nach Art. 6 I MRK

Das Recht auf ein faires, rechtsstaatliches Verfahren und der Verfassungsgrundsatz des rechtlichen Gehörs gelten auch im Adhäsionsverfahren und für alle dort am Verfahren Beteiligten. Auch der Grundsatz des fairen Verfahrens nach Art. 6 I MRK gilt für alle Beteiligten des Adhäsionsverfahrens. Bei nicht anwaltlich vertretenen Antragstellern folgt dies zudem aus der richterlichen Fürsorgepflicht.

Nicht nur dem Angeklagten, sondern auch dem Antragsteller ist in jedem Stadium des Verfahrens rechtliches Gehör zu gewähren. Dies gilt vor allem vor ihn belastenden oder nachteiligen Entscheidungen.

In der gerichtlichen Praxis sind allerdings immer wieder Fälle festzustellen, in denen Adhäsionsverfahren für den Antragsteller mit einem überraschenden Ergebnis abschließen.

So werden gelegentlich Adhäsionsanträge rechtsfehlerhaft „...abgewiesen ....", obwohl eine Absehensentscheidung die richtige Entscheidungsform gewesen wäre. Damit und auch unabhängig davon, sind für den Antragsteller oftmals negative Kostenentscheidungen verbunden. Dem auf diese Entscheidung nicht vorbereiteten Antragsteller wird die Möglichkeit genommen, zB seinen Antrag zu ändern, einen Beweisantrag zu stellen, ein Grund- oder Teilurteil zu beantragen. Folgende Beispiele mögen die Problematik verdeutlichen:

---

[43] Zöller-Greger, ZPO, § 139 Rn 5.
[44] Zöller-Greger, ZPO, § 139 Rn11.

So hat kürzlich das OLG Oldenburg[45] eine Gehörsrüge entsprechend § 321 a ZPO als zulässig, die Verletzung rechtlichen Gehörs für möglich erachtet, weil die „Entscheidung für die Antragstellerin völlig überraschend" war. Die Sache wurde an das Landgericht zur Entscheidung über die Gehörsrüge zurückverwiesen.

Im Ausgangsfall hatte die Antragstellerin nach einem sexuellen Missbrauch ein in das Ermessen des Gerichts gestelltes Schmerzensgeld nicht unter 3000 € unter dem Vorbehalt der Bewilligung von Prozesskostenhilfe in dieser Höhe beantragt. Das Gericht bewilligte Prozesskostenhilfe in der beantragten Höhe. Daraufhin wurde der entsprechende Antrag in dieser Höhe gestellt. Unmittelbar danach wurde die Beweisaufnahme geschlossen, ohne das sich an dem der PKH-Bewilligung zugrunde liegenden Sachverhaltes irgendetwas änderte oder etwas vorgetragen wurde.

Der Angeklagte wurde wegen sexuellen Missbrauchs verurteilt. Des Weiteren wurde er verurteilt, an die Antragstellerin ein Schmerzensgeld von 1500 € zu zahlen. Der Antragstellerin wurden die Kosten des Adhäsionsverfahrens zur Hälfte auferlegt.

Das OLG Oldenburg führte dazu aus, dass die Entscheidung des Landgerichts, teilweise von einer Entscheidung abzusehen, insoweit völlig überraschend war, als das Landgericht ihr zuvor für ihren Schmerzensgeldantrag uneingeschränkt Prozesskostenhilfe bewilligt hatte. Insoweit sei auch von Bedeutung, dass die Antragstellerin bei einem entsprechenden gerichtlichen Hinweis, teilweise von einer Zuerkennung des begehrten Schmerzensgeldes absehen zu wollen, auch lediglich ein Teilurteil mit der Kostenfolge aus § 472 a I StPO hätte beantragen können.[46]

In einem weiteren Fall, der derzeit dem Europäischen Gerichtshof für Menschenrechte vorliegt,[47] hatte das erstinstanzliche Landgericht einem Schmerzensgeldantrag auf 5000 € mit einem zuerkannten Betrag von 500 € entsprochen. Der Antragstellerin wurden unter Rückgriff auf § 91 ZPO die gesamten Kosten des Verfahrens auferlegt. Über den mit dem Antrag verbunden Prozesskostenhilfeantrag entschied das Gericht erst einige Tage nach dem Urteil. Der Antragstellerin wurde dann PKH für einen Betrag von 1000 € bewilligt.

31 Es liegt auf der Hand, dass derartige Entscheidungen die Antragsteller erheblich belasten. Neben der Tat, die sie zu erleiden hatten, werden ihnen auch noch die Kosten des Rechtsanwaltes des Angeklagten auferlegt. Sinn und Zweck des Adhäsionsverfahrens werden dadurch konterkariert.

3. Verurteilung im Adhäsionsverfahren trotz Freispruch im Strafverfahren

32 Trotz eines Freispruchs des Angeklagten im Strafprozess kann es im Adhäsionsverfahren zu einer Verurteilung des Angeklagten kommen. Voraussetzung ist allerdings, dass eine Maßregel der Besserung und Sicherung nach den §§ 63 ff StGB angeordnet wurde.

Der Täter steht im Adhäsionsverfahren nicht besser als im Zivilprozess. Ist der Angeklagte lediglich wegen nicht auszuschließender Schuldunfähigkeit (§ 20 StGB) vom

---

45 OLG Oldenburg, Beschl. v. 2.4.2007, – 1 Ws 124/07 – , n.v.
46 OLG Oldenburg, Beschl. v. 2.4.2007, – 1 Ws 124/07 – , n.v.
47 Beschwerde Nr. 34287/06 – Albers./.Deutschland.

Vorwurf einer Straftat „in dubio pro reo" freizusprechen, so steht dies einer Verurteilung im Adhäsionsverfahren nicht entgegen. Der Täter kann im Adhäsionsverfahren nicht besser stehen als im Zivilprozess, wo er zur Abwehr eines Schadensersatzanspruchs seine Unzurechungsfähigkeit (§ 827 BGB) positiv zu beweisen hat.[48]

---

48 LG Berlin, NZV 2006, 389.

B. Das Adhäsionsverfahren in der strafrichterlichen und anwaltlichen Praxis

I. Zulässigkeit des Adhäsionsverfahrens

1. Antragsberechtigte

a) Verletzter

33 Antragsberechtigter im Adhäsionsverfahren ist gem. § 403 StPO der Verletzte. Verletzter im Sinne dieser Vorschrift ist derjenige, der aus der Straftat unmittelbar einen vermögensrechtlichen Anspruch erworben hat.[49]

Nach herrschender Meinung ist darüber hinaus auch derjenige antragsberechtigt, der durch die Straftat selbst nur mittelbar verletzt ist, zB der Ehegatte des Getöteten (vgl § 844 II BGB) oder bei Sachbeschädigungen der dinglich oder schuldrechtlich zur Nutzung Berechtigte.[50] Nach der Gegenansicht sollen mittelbar Geschädigte nicht antragsberechtigt sein, weil sonst das Tatbestandsmerkmal „Verletzter" neben dem Tatbestandsmerkmal „aus der Straftat erwachsener vermögensrechtlicher Anspruch" keinen Sinn mehr hätte.[51] Diese Ansicht überzeugt nicht: dem Tatbestandsmerkmal „Verletzter" muss nicht notwendig eine einschränkende Wirkung zukommen. Die weite Auslegung des Begriffs des Verletzten durch die herrschende Meinung in der Literatur war dem Gesetzgeber vor Neufassung des § 403 StPO durch das Opferrechtsreformgesetzes bekannt. Hätte der Gesetzgeber hier eine Einschränkung gewollt, hätte eine entsprechend andere Formulierung in der Neufassung nahegelegen. Dies ist jedoch nicht vorgenommen worden.

Voraussetzung für die Antragsberechtigung ist nach einhelliger Auffassung nicht, dass der Verletzte einen Strafantrag stellt.[52]

b) Erben

34 Antragsberechtigt ist neben dem Verletzten sein Erbe. Bei einer Mehrheit von Erben ist jeder Erbe antragsberechtigt. Er kann aber gem. § 2039 S. 1 BGB nur Leistung an alle Erben verlangen.[53] Über den Wortlaut der Vorschrift hinaus ist auch der Erbe des Erben antragsberechtigt.[54] Diese Auslegung entspricht dem Sinn und Zweck der Vorschrift, wonach der Begriff des Verletzten weit auszulegen ist. Entscheidend ist, dass der geltend gemachte Anspruch im Wege der gesetzlichen oder testamentarischen Erbfolge erworben wurde.

---

[49] Löwe-Rosenberg/Hilger, § 403 Rn 1; Pfeiffer, StPO, § 403 Rn 1; Plüür/Herbst, www.kammergericht.de, S. 1; SK-StPO/Velten, § 403 Rn 2, 3.
[50] Löwe-Rosenberg/Hilger, § 403 Rn 1; Pfeiffer, StPO, § 403 Rn 1; Meyer-Goßner, § 403 Rn 1; KMR/Stöckel, § 403 Rn 1.
[51] SK-StPO/Velten, § 403 Rn 3.
[52] Meyer-Goßner, § 403 Rn 2.
[53] SK-StPO/Velten, § 403 Rn 4; Meyer-Goßner, § 403 Rn 3.
[54] KMR/Stöckel, § 403 Rn 2; Meyer-Goßner, § 403 Rn 3; Löwe-Rosenberg/Hilger, § 403 Rn 2.

Es entsprach der bis zum In-Kraft-Treten des Opferrechtsreformgesetzes einhelligen Meinung, dass der antragstellende Erbe einen Erbschein vorlegen muss.[55] Hergeleitet wurde diese weitere Voraussetzung aus dem Gebot, dass der Adhäsionsantrag nicht zu einer Verfahrensverzögerung führen dürfe. Ob diese Voraussetzung nach der Neufassung des § 406 StPO aufrechterhalten werden kann, erscheint fraglich. Entscheidend dürfte sein, in wieweit die Frage des Nachweises der Erbenstellung tatsächlich zu einer Verfahrensverzögerung führt.

c) Andere Rechtsnachfolger

Andere Rechtsnachfolger, wie zB Abtretungs- oder Pfändungspfandgläubiger, sind nicht antragsberechtigt.[56] Eine andere Auslegung würde dem Wortlaut der Vorschrift widersprechen. Dementsprechend sind auch ein Sozialversicherungsträger, auf den der Schadensersatzanspruch übergegangen ist, oder ein privater Haftpflichtversicherer nicht antragsberechtigt.

d) Insolvenzverwalter

Unstreitig ist, dass der Insolvenzverwalter antragsberechtigt ist, wenn der Schuldner erst nach der Insolvenzeröffnung geschädigt wurde. Nach teilweise vertretener Auffassung soll dies nicht gelten, wenn die Schädigung vor Eröffnung des Insolvenzverfahrens eingetreten ist.[57] Diese Auffassung wird damit begründet, dass der Insolvenz- bzw Konkursverwalter als Rechtsnachfolger im weiteren Sinne nach dem eindeutigen Wortlaut des § 403 in dem weiten Kreis der als Adhäsionsantragsberechtigten in Betracht kommenden Rechtsnachfolger nicht genannt sei.

Dieses Argument überzeugt nicht. Zwar ist der Insolvenzverwalter nicht Verletzter, er ist aber auch nicht Rechtsnachfolger. Sein Antragsrecht ergibt sich vielmehr daraus, dass er in eigener Parteistellung die Rechte des Schuldners und die der Insolvenzgläubiger an der Masse wahrt.[58] Als Partei kraft Amtes, so die herrschende Meinung, übt er die Befugnisse des Gemeinschuldners zu Gunsten der Masse aus (vgl § 80 InsO: Übergang des Verwaltungs- und Verfügungsrechts, bzw § 22 I InsO für den vorläufigen Insolvenzverwalter bei Anordnung eines allgemeinen Verfügungsverbotes).

Gegen die Einbeziehung des Insolvenzverwalters in den Kreis der Antragsberechtigten wird ferner angeführt, dass dies dem Sinn der Privilegierung des Verletzten in § 403 StPO widerspräche: Da dieser in der Durchsetzung von Genugtuungsinteressen des persönlich Geschädigten liege, könne ein Insolvenzverwalter nicht antragsberechtigt sein, dessen Aufgabe darin bestehe, Interessen von Gläubigern zu schützen, die nicht Geschädigte der dem Angeklagten zur Last gelegten Straftat seien.

---

55 Löwe-Rosenberg/Hilger, § 403 Rn 2; SK-StPO/Velten, § 403 Rn 4; Meyer-Goßner, § 403 Rn 3; Plüür/Herbst, www.kammergericht.de, S. 2.
56 KMR/Stöckel, § 403 Rn 3; Meyer-Goßner, § 403 Rn 4; Löwe-Rosenberg/Hilger, § 403 Rn 3.
57 OLG Frankfurt, NStZ 2007, 168: jedenfalls dann, wenn die Erhaltung des in Insolvenz geratenen Unternehmens nach Abschluss des Insovenzverfahrens ausscheidet; LG Stuttgart, NJW 1998, 322 für die Konkursordnung; Plüür/Herbst, www.kammergericht.de, S. 1; Meyer-Goßner, § 403 Rn 5; a. A SK-StPO/Velten, § 403 Rn 4; Pfeiffer, StPO, § 403 Rn 1; Löwe-Rosenberg/Hilger, § 403 Rn 4; KMR/Stöckel, § 403 Rn 3; KK/Engelhardt, § 403 Rn 7.
58 Zöller/Vollkommer, ZPO, 26. Aufl., § 51 Rn 7.

Auch dieses auf den ersten Blick bestechende Argument kann letztlich nicht ausschlaggebend sein, da dann der Gemeinschuldner, der nach Insolvenzeröffnung geschädigt wird, sich ebenfalls nicht von einem Insolvenzverwalter vertreten lassen könnte. Es ist aber kein Grund ersichtlich, warum der nach Insolvenzeröffnung Geschädigte seine Genugtuungsinteressen nicht in einem Adhäsionsverfahren verfolgen können sollte, mit der Konsequenz, dass jedenfalls in diesen Fällen der Insolvenzverwalter antragsbefugt wäre, obwohl er auch hier in erster Linie Gläubigerinteressen vertritt. Dann ist es aber konsequent, dem Insolvenzverwalter auch eine Antragsbefugnis zuzusprechen, wenn der Gemeinschuldner vor der Insolvenzeröffnung geschädigt wird.

Auch das vom OLG Frankfurt angeführte historische Argument überzeugt letztlich nicht, da zum Zeitpunkt des Gesetzgebungsverfahrens zum Opferrechtsreformgesetz nach der herrschende Meinung der Insolvenzverwalter gerade antragsbefugt war, so dass aus dem Schweigen des Gesetzgebers zu dieser Problematik gerade keine Schlüsse gezogen werden können.

Demnach kommt es nicht darauf an, ob der Schaden nach Insolvenzeröffnung oder vorher entstanden ist. Auch im letztgenannten Fall führt der Insolvenzverwalter das Adhäsionsverfahren für den Verletzten und nimmt ggf für diesen das Verfahren auf (vgl §§ 85 I 1, 24 II InsO).[59]

Entsprechend sind auch der Zwangsverwalter gem. § 152 ZVG und der Testamentsvollstrecker gem. §§ 2197 ff BGB antragsbefugt.

e) Prozessfähigkeit des Antragstellers

37 Der Antragsteller kann den Anspruch im Strafverfahren nur geltend machen, wenn er dazu auch im Zivilprozess berechtigt wäre. Der Antragsteller muss daher nach einhelliger Auffassung im Sinne des Zivilprozessrechtes (§§ 51 – 55 ZPO) prozessfähig oder gesetzlich vertreten sein.[60] Zu beachten sind auch mögliche Verfügungsbeschränkungen, etwa durch eine Insolvenzeröffnung, Bestellung eines vorläufigen Insolvenzverwalters nebst allgemeinem Verfügungsverbot (§ 22 InsO) oder Einrichtung einer Zwangsverwaltung. In diesen Fällen kann nicht der Verletzte, sondern nur der Insolvenz- oder Zwangsverwalter den Anspruch geltend machen (s.o. Rn 36).

f) Stellung im Verfahren

38 Die Antragberechtigung des Adhäsionsklägers ist unabhängig von seiner Stellung im Verfahren. Dies bedeutet, dass der Adhäsionsantragsteller auch zugleich Nebenkläger, Privatkläger oder auch Mitangeklagter sein kann, beispielsweise im Falle einer gegenseitigen Körperverletzung.[61]

---

59 Löwe-Rosenberg/Hilger, § 403 Rn 4; KMR/Stöckel, § 403 Rn 3; Pfeiffer, StPO, § 403 Rn 1; Kuhn, Das neue Adhäsionsverfahren, JR 2004, 397, 399; so auch OLG Celle, Beschluss v. 8.10.2007, 2 Ws 294/07 zur Veröffentlichung bestimmt in NStZ-RR.
60 Löwe-Rosenberg/Hilger, § 403 Rn 5; KMR/Stöckel, § 403 Rn 5; Meyer-Goßner, § 403 Rn 6.
61 KMR/Stöckel, § 403 Rn 1; Löwe-Rosenberg/Hilger, § 403 Rn 1.

2. Antragsgegner

a) Beschuldigter

Der im Adhäsionsverfahren geltend gemachte Anspruch muss sich gegen den Beschuldigten richten. Beschuldiger ist die Person, gegen die sich das Strafverfahren richtet. Gegen andere Personen kann ein Antrag nicht gestellt werden, auch wenn sie in das Strafverfahren hätten einbezogen werden müssen oder zivilrechtlich haften. Dementsprechend ist ein Antrag gegen einen Haftpflichtversicherer (vgl. § 3 PfVG) nicht zulässig.[62]

39

b) Jugendliche und Heranwachsende

Gegen einen Jugendlichen darf gem. § 81 JGG kein Adhäsionsverfahren durchgeführt werden.

40

§ 81 JGG lautet:

§ 81 Entschädigung des Verletzten.

Die Vorschriften der Strafprozessordnung über die Entschädigung des Verletzten (§§ 403 bis 406c der Strafprozessordnung) werden im Verfahren gegen einen Jugendlichen nicht angewendet.

Dabei schließt nicht die Verfahrensart, sondern das Alter des Beschuldigten zur Tatzeit das Adhäsionsverfahren aus, und zwar auch dann, wenn das Verfahren vor dem allgemeinen Strafgericht stattfindet (vgl § 104 I Nr. 14 JGG).

§ 104 I Nr. 14 JGG lautet:

§ 104 Verfahren gegen Jugendliche

In Verfahren gegen Jugendliche vor den für allgemeine Strafsachen zuständigen Gerichte gelten die Vorschriften dieses Gesetzes über

...

14. den Ausschluss von Vorschriften des allgemeinen Verfahrensrechts (§§ 79 bis 81).

Wenn also beispielsweise gegen einen Erwachsenen und gegen einen Jugendlichen als Mitangeklagten vor dem Strafrichter verhandelt wird, kann der Antrag nur gegen den Erwachsenen gestellt werden.[63]

Bei einem Heranwachsenden kam es für die Anwendbarkeit des Adhäsionsverfahrens bis zum In-Kraft-Treten des zweiten Justizmodernisierungsgesetzes darauf an, ob der Heranwachsende nach Jugendstrafrecht oder nach Erwachsenenstrafrecht verurteilt wurde (vgl §§ 81, 109 II 1 JGG alte Fassung). Einer bereits seit längerem von Opferschutzverbänden erhobenen Forderung entsprechend ist diese Regelung durch das zweite Justizmodernisierungsgesetz geändert worden. Danach können Adhäsionsansprüche nunmehr auch dann gegen Heranwachsende verfolgt werden, wenn sie nach Jugendstrafrecht verurteilt werden. Dies folgt daraus, dass § 81 JGG aus der Liste der in Bezug genommenen Vorschriften in § 109 II 1 JGG gestrichen wurde. In § 109

41

---

62 KMR/Stöckel, § 403 Rn 6; Löwe-Rosenberg/Hilger, § 403 Rn 6; Meyer-Goßner, § 403 Rn 7.
63 Löwe-Rosenberg/Hilger, § 403 Rn 7.

II 1 JGG sind diejenigen Verfahrensvorschriften des JGG aufgelistet, die in einem Verfahren gegen Heranwachsende entsprechend gelten, wenn der Richter Jugendstrafrecht anwendet.

c) Prozessfähigkeit

42 Der Antragsgegner muss nach einhelliger Auffassung verhandlungsfähig, nicht aber prozessfähig im Sinne der §§ 52 ff ZPO sein. Zivilrechtliche Willenserklärungen über den Anspruch, vor allem ein Vergleichsabschluss, können aber nur von einem voll geschäftsfähigen Beschuldigten oder seinem gesetzlichen Vertreter abgegeben werden.[64]

d) Umfang der Beiordnung des Pflichtverteidigers

43 Ob die Bestellung eines Rechtsanwaltes zum Pflichtverteidiger gem. § 140 StPO auch die Befugnis zur Vertretung des Angeklagten im Adhäsionsverfahren umfasst, ohne dass es einer zusätzlichen Bestellung bedarf, ist umstritten. Nach der in der Rechtsprechung und Literatur überwiegend vertretenen Auffassung gilt die Beiordnung des Pflichtverteidigers nach § 140 StPO für das gesamte Strafverfahren und damit auch für das Adhäsionsverfahren.[65] Diese Auffassung ist überzeugend. Dem Pflichtverteidiger steht die Verfahrensgebühr gem. 4143 VV RVG zu, ohne dass es einer besonderen Beiordnung gem. § 404 V StPO bedarf. Dies entspricht dem klar erklärten Willen des Gesetzgebers. In der Begründung des Entwurfs des Kostenrechtsmodernisierungsgesetz heißt es:

„Der Pflichtverteidiger soll die Gebühr nach Nr. 4143 VV RVG-E ebenfalls erhalten. Das entspricht dem geltenden Recht. Sie wird – wie derzeit nach § 97 I 4, §§ 89, 123 BRAGO – der Höhe nach durch § 49 RVG-E begrenzt." (BT-Drucks. 15/1971, S. 228).

44 Zwar meint insoweit das OLG Zweibrücken,[66] das mit dieser Formulierung in der Begründung zum Kostenrechtsmodernisierungsgesetz offen bleibe, welche gerichtliche Entscheidung den Gebührenanspruch der Staatskasse gegenüber begründe – die allgemeine Beiordnung oder die gesonderte Bewilligung der Prozesskostenhilfe. Dieser Einwand ist jedoch nach der hier vertretenen Auffassung nicht stichhaltig, denn im Falle einer fehlenden gesonderten Bewilligung von Prozesskostenhilfe enthält der Pflichtverteidiger nach dieser Auffassung die Gebühr nach Nr. 4143 VV RVG ja gerade nicht.

Der hier vertretenen Auffassung, wonach die Pflichtverteidigerbeiordnung die Verfahrensgebühr nach Nr. 4143 VV RVG entstehen lässt, stehen auch keine systemati-

---

[64] KMR/Stöckel, § 403 Rn 7; Löwe-Rosenberg/Hilger, § 403 Rn 9; Meyer-Goßner, § 403 Rn 9; SK-StPO/Velten, § 403 Rn 6.
[65] OLG Köln, StraFo 2005, 394; OLG Hamm, JurBüro 2001, 531; OLG Schleswig, NStZ 1998, 101; OLG Hamburg, NStZ-RR 2006, 347; LG Görlitz, AGS 2006, 502; Meyer-Goßner, § 140 StPO Rn 5; KK-Laufhütte, § 140 Rn 4; Madert, in: Gerold/Schmidt/von Eicken, RVG, 17. Aufl., 4143 VV RVG Rn 3; andere Ansicht: OLG Zweibrücken, JurBüro 2006, 643; OLG München, Strafverteidiger 2004, 38; OLG Saarbrücken, Strafverteidiger 2000, 433; OLG Celle, Strafverteidiger 2006, 33; LG Bückeburg, NStZ-RR 2002, 31.
[66] JurBüro 2006, 643.

schen Bedenken entgegen.[67] Die Regelung des § 404 V 1 StPO, die die Beiordnung eines Rechtsanwaltes für den Angeklagten im Adhäsionsverfahren unter bestimmten Voraussetzungen zulässt, verliert ihre Bedeutung nämlich nicht, wenn man davon ausgeht, dass die Bestellung zum Pflichtverteidiger auch die Vertretung des Angeklagten im Adhäsionsverfahren umfasst. Es bleiben nämlich im Rahmen des § 404 V StPO die Fälle übrig, in denen die Voraussetzungen der notwendigen Verteidigung nach § 140 StPO nicht gegeben sind.[68] Schließlich macht es auch Sinn, dass in Fällen notwendiger Verteidigung der Pflichtverteidiger unabhängig vom Vorliegen der Voraussetzungen für die Bewilligung von Prozesskostenhilfe auch für das Adhäsionsverfahren bestellt wird, in anderen Fällen eine Beiordnung grundsätzlich aber nur erfolgt, wenn die Voraussetzungen des § 114 ZPO vorliegen. Der Pflichtverteidiger muss nämlich zwangsläufig auch gegenüber dem Adhäsionsantrag tätig werden. In einfacher gelagerten Fällen, in denen eine Verteidigung nicht notwendig ist, geht es dagegen um die Frage, ob überhaupt auf Kosten der Staatskasse ein Rechtsanwalt für den Angeklagten tätig werden muss.

Auch lässt sich nicht gegen die Erstreckung der Pflichtverteidigerbeiordnung auf das Adhäsionsverfahren argumentieren, dass sich auch die Nebenklagebeiordnung nicht auf das Adhäsionsverfahren beziehe und damit die vom Gesetzgeber erstrebte „Waffengleichheit" zwischen Angeklagtem und Opfer wieder verschoben würde.[69] Denn der Angeklagte hat – anders als der Nebenkläger – keine Wahl, ob er Partei eines Adhäsionsverfahrens wird, so dass ein sachlicher Grund für die unterschiedliche Erstreckung der Beiordnung gegeben ist.

Für den Adhäsionskläger birgt die hier vertretene Auslegung ein nicht unerhebliches Kostenrisiko:

45

Sofern der Adhäsionskläger mangels Bedürftigkeit nicht selbst PKH-berechtigt ist und daher seinen Antrag nicht an die Bedingungen der Bewilligung von Prozesskostenhilfe knüpfen konnte und mithin er den Antrag auch nicht im Hinblick auf seine Erfolgsaussichten einer vorherigen Prüfung durch das Gericht unterziehen konnte, geht er ein nicht unerhebliches Kostenrisiko ein, wenn er eine Forderung erhebt, die das Gericht nicht in voller Höhe zuspricht. Allerdings ist hier zu berücksichtigen, dass die Verfahrensgebühr sich gemäß § 49 RVG für den Pflichtverteidiger höchstens auf 391 € beläuft, also bei einem 2,0-fachen Satz gemäß Nr. 4143 VV RVG auf 782 €.

3. Vermögensrechtlicher Anspruch

Nur vermögensrechtliche Ansprüche, die aus der Straftat erwachsen, können im Adhäsionsverfahren geltend gemacht werden. Vermögensrechtlich sind alle Ansprüche, die aus Vermögensrechten abgeleitet oder auf vermögenswerte Leistungen gerichtet sind. In Betracht kommen hier hauptsächlich Schadensersatz- und Schmerzensgeldan-

46

---

67 So aber OLG München, Strafverteidiger 2004, 38.
68 OLG Köln, StraFo 2005, 394.
69 So aber OLG Zweibrücken, JurBüro 2006, 643. Ergänzend ist festzuhalten, dass die hier vertretene Auffassung zum Umfang der Pflichtverteidigerbestellung nicht von allen Autoren dieses Werkes geteilt wird, siehe auch Rn 232.

sprüche sowie Ansprüche auf Ersatz der Beerdigungskosten, aber auch Bereicherungs-, Herausgabe- oder Unterlassungsansprüche, etwa auf Unterlassung künftiger Verletzungen, wenn damit wirtschaftliche Interessen verfolgt werden. In Betracht kommen kann sogar der Widerruf einer Behauptung.[70] Auch Feststellungsansprüche können vermögensrechtlichen Charakter haben. In Strafverfahren wegen Straftaten nach §§ 106, 107 I 2, 108–108 b Urheberrechtsgesetz lässt § 110 I Urheberrechtsgesetz die Möglichkeit zu, Ansprüche auf Vernichtung oder Überlassung von Vervielfältigungsstücken oder der zu ihrer Herstellung benutzten oder bestimmten Vorrichtungen (§§ 98, 99 Urheberrechtsgesetz) im Adhäsionsverfahren geltend zu machen.

4. Zuständigkeit der ordentlichen Gerichte

47   Für den geltend gemachten Anspruch müssen die ordentlichen Gerichte sachlich zuständig sein, § 403 ZPO. Die Geltendmachung von Ansprüchen, für die ausschließlich die Arbeitsgerichte zuständig sind, ist daher ausgeschlossen. Dies ist von Amts wegen zu beachten, auch noch im Rechtsmittelverfahren. Eine rechtskräftige Entscheidung über einen Anspruch, der nicht in die Zuständigkeit der ordentlichen Gerichte fällt, ist aber trotzdem wirksam.[71] Beim Amtsgericht können, wie es in § 403 StPO ausdrücklich normiert ist, Ansprüche ohne Rücksicht auf den Wert des Streitgegenstandes geltend gemacht werden. Daraus folgt im Umkehrschluss, dass Ansprüche, die zur ausschließlichen Zuständigkeit des Landgerichts gehören, also beispielsweise Amtshaftungsansprüche gegen Beamte und Richter nach § 71 II GVG, nicht vor dem Amtsgericht geltend gemacht werden können.[72]

5. Postulationsfähigkeit und anwaltliche Vertretung

48   Aus dem Umstand, dass vor dem Amtsgericht Ansprüche ohne Rücksicht auf den Wert des Streitgegenstandes geltend gemacht werden können, wird allgemein gefolgert, dass im Adhäsionsverfahren kein Anwaltszwang gem. § 78 ZPO besteht.[73] Wird das Verfahren vor den Zivilgerichten fortgesetzt, etwa im Betragsverfahren nach einem Grundurteil im Adhäsionsverfahren, so gelten wieder die zivilprozessualen Regeln, ggf also auch der Anwaltszwang.

49   Eine anwaltliche Vertretung des Adhäsionsklägers ist nicht bereits immer dann gegeben, wenn dem Adhäsionskläger als Nebenkläger gem. § 397a I StPO ein Rechtsanwalt als Beistand bestellt worden ist. Die Beistandsbestellung nach § 397a I StPO erstreckt sich nämlich nicht auch auf das Adhäsionsverfahren.[74] Der als Beistand gem. § 397a I StPO beigeordnete Rechtsanwalt ist daher nicht befugt, für den Nebenkläger vermögensrechtliche Ansprüche gegen den Angeklagten im Adhäsionsverfahren einzuklagen und seine diesbezüglichen Gebühren gegen die Staatskasse geltend zu machen, es sei denn, er wurde dem Nebenkläger im Rahmen der Gewährung von

---

70 Löwe-Rosenberg/Hilger, § 403 Rn 8; Meyer-Goßner, § 403 Rn 10; KMR/Stöckel, § 403 Rn 8.
71 BGHSt 3, 210, 213.
72 Löwe-Rosenberg/Hilger, § 403 Rn 16; Plüür/Herbst, www.kammergericht.de, S. 3; Kuhn, JR 2004, 397, 399.
73 Löwe-Rosenberg/Hilger, § 403 Rn 15; SK-StPO/Velten, § 403 Rn 8.
74 BGH, NJW 2001, 2486.

Prozesskostenhilfe gem. § 404 V StPO gesondert für das Adhäsionsverfahren beigeordnet.

6. Strafverfahren

Der vermögensrechtliche Anspruch kann gem. § 403 StPO „im Strafverfahren" geltend gemacht werden. Demnach kann der Anspruch vor jedem Strafgericht geltend gemacht werden, also auch etwa in einem erstinstanzlichen Verfahren beim Oberlandesgericht. Einigkeit besteht auch darüber, dass der Anspruch auch im Privatklageverfahren geltend gemacht werden kann, wobei aber allein im Adhäsionsantrag kein Beitritt gem. § 372 II StPO zu sehen ist.[75]

50

Nach ganz herrschender Meinung ist eine Entscheidung über den Adhäsionsantrag im Strafbefehlsverfahren nicht zulässig, solange es nicht zur Hauptverhandlung kommt.[76] Soweit vereinzelt vertreten wird, eine Entscheidung über den Adhäsionsantrag sei auch im Strafbefehlsverfahren zulässig,[77] ist diese Auffassung nicht überzeugend. Eine Entscheidung über einen Adhäsionsantrag im Strafbefehlsverfahren kommt zivilrechtlich dem Erlass eines Versäumnisurteils gleich. Mit dem Opferrechtsreformgesetz ist jedoch zwar die Möglichkeit zum Erlass eines Annerkenntnisurteils ausdrücklich normiert worden, nicht aber die Möglichkeit zum Erlass eines Versäumnisurteils. Dies hätte nahegelegen, wenn der Gesetzgeber eine solche Möglichkeit gewollt hätte.

Zum praktischen Umgang mit dem Adhäsionsantrag im Strafbefehlsverfahren s.u. Rn 72 ff.

Zur Ermessensentscheidung der Staatsanwaltschaft, ob ein Strafbefehlsverfahren betrieben werden soll, s.u. Rn 281.

7. Ordnungsmäßigkeit des Antrages

Der Adhäsionsantrag ist unzulässig, wenn er inhaltlich nicht den Anforderungen des § 404 I StPO entspricht. Nach § 404 I 2 StPO muss der Adhäsionsantrag den Gegenstand und Grund des Anspruchs bestimmt bezeichnen und soll er die Beweismittel enthalten, s. nachfolgend a), b) und c). Diese Vorschrift ist dem § 253 II 2 ZPO nachgebildet und entsprechend auszulegen.[78]

51

a) Gegenstand des Anspruchs

§ 404 I 2 StPO verlangt zunächst eine bestimmte Bezeichnung des Gegenstands des Anspruchs. Dies bedeutet, dass der Geschädigte inhaltlich eindeutig festlegen muss, welche Entscheidung er begehrt. Daraus folgt, dass ein bestimmter Antrag erforderlich ist, auch wenn dies dem Wortlaut des § 404 I StPO nicht ausdrücklich zu ent-

52

---

[75] KMR/Stöckel, § 404 Rn 13; s.a. SK-StPO/Velten, § 403 Rn 9; Meyer-Goßner, § 403 Rn 12.
[76] Meyer-Goßner, § 403 Rn 12, § 406 Rn 1; KMR/Stöckel, § 404 Rn 13; SK-StPO/Velten, § 403 Rn 9; BGH NJW 1982, 1047.
[77] Kuhn, JR 2004, 397; Sommerfeld/Gohra, Zur „Entschädigung des Verletzten" im „Verfahren bei Strafbefehlen", NStZ 2004, 420.
[78] KMR/Stöckel, § 404 Rn 1; Plüür/Herbst, www.kammergericht.de, S. 5.

nehmen ist.[79] Die Notwendigkeit zur Stellung eines bestimmten Antrages folgt auch bereits daraus, dass das Adhäsionsurteil Grundlage für die Zwangsvollstreckung sein soll. Es muss daher einen vollsteckungsfähigen Inhalt haben, woraus sich auch die Anforderungen an die Bestimmtheit des Antrages ableiten lassen.

aa) Bezifferung des Antrages

53   Aus der Notwendigkeit zur Stellung eines bestimmten Antrages folgt zunächst, dass geforderte Geldbeträge in der Regel der Höhe nach zu beziffern sind. Entsprechend ist bei Nebenforderungen bzw Zinsen der Zinsbeginn und die geltend gemachte Zinshöhe anzugeben, bei Herausgabeansprüchen ist der herauszugebende Gegenstand so genau zu bezeichnen, dass eine Verwechselung ausgeschlossen ist. Von diesem im Zivilverfahren geltenden Grundsatz soll jedoch im Adhäsionsverfahren eine Ausnahme dann zulässig sein, wenn dem Verletzten die Bezifferung seines Anspruches zunächst unzumutbar oder unmöglich ist, etwa, wenn die Schadenshöhe erst noch durch einen im Hauptverhandlungstermin zu hörenden Sachverständigen festgestellt werden muss.[80] Diese Ausnahme findet ihre Rechtfertigung darin, dass der Adhäsionsantrag bis zum Beginn der Schlussanträge gestellt werden kann. Daraus folgt dann allerdings auch, dass der Verletzte nach dem Ende der Beweisaufnahme erklärten muss, in welcher Höhe er seinen Antrag stellen will.[81]

Gelegentlich anzutreffen ist die Formulierung, dass eine weitere Ausnahme von der Notwendigkeit zur Bezifferung des Anspruchs in den Fällen bestehe, in denen das Gesetz die Höhe der Entschädigung in das billige Ermessen des Gerichtes stellt, also hauptsächlich im Bereich der Schmerzensgeldansprüche.[82] Hier gelte für das Adhäsionsverfahren wie im Zivilrecht, dass die Angabe der ungefähren Angabe der Größenordnung des geltend gemachten Schmerzensgeldes nicht mehr erforderlich sei.[83] Zwar ist hier das Gericht für die Entscheidung in der Hauptsache an derartige Angaben nicht nach oben gebunden,[84] die Angabe der ungefähren Größenordnung des vorgestellten Anspruchs ist aber weiterhin erforderlich für die Feststellung des Streitwertes, des Beschwerdewertes und die Kostenentscheidung.[85]

bb) Benennung des Schädigers

54   Aus dem Umstand, dass der Adhäsionsantrag nach § 404 StPO seinem Inhalt nach den Erfordernissen einer Zivilklage entsprechen muss, folgt auch, dass die Benennung eines bestimmten Beschuldigten zu den Mindesterfordernissen eines wirksamen Antrages gehört.[86] Dazu gehört, dass der Schädiger mit Name und Adresse bezeichnet wird. Die Nennung des Geburtsdatums, wie sie von Plüür/Herbst, www.kammerge-

---

79 BGHR § 404 I Antragstellung 1; KMR/Stöckel, § 404 Rn 2; SK-StPO/Velten, § 404 Rn 3; Meyer-Goßner, § 404 Rn 3; Plüür/Herbst, www.kammergericht.de, S. 5.
80 OLG Stuttgart, NJW 1978, 2209; KMR/Stöckel, § 404 Rn 2.
81 So überzeugend Plüür/Herbst, www.kammergericht.de, S. 6.
82 So zB bei KK/Engelhardt, § 404 Rn 5.
83 Plüür/Herbst, www.kammergericht.de, S. 6.
84 BGHZ 132, 341.
85 Vgl. dazu Zöller/Greger, ZPO, 26. Aufl., § 253 Rn 14.
86 OLG Karlsruhe, NJW-RR 1997, 508.

richt.de, S. 6, angeregt wird, dürfte als zusätzliches oder alternatives Kriterium zur Nennung der Adresse dann heranzuziehen sein, wenn eine Identifizierung des Beschuldigten nur über die Adresse problematisch ist.

cc) Benennung des Verletzten

Im Hinblick auf die Notwendigkeit zur Stellung eines bestimmten Antrages, der Grundlage eines Vollstreckungstitels sein soll, ist grundsätzlich bei Antragstellung auch der Antragsteller nicht nur namentlich zu bezeichnen, sondern auch seine Adresse anzugeben.[87] Die Angabe der Adresse des Verletzten kann jedoch ausnahmsweise entbehrlich sein, wenn dieser ein berechtigtes Geheimhaltungsinteresse hat. Dies dürfte gerade in Strafverfahren, die massive Straftaten aus dem Bereich der organisierten Kriminalität als Gegenstand haben, oder auch im Bereich der Stalking-Fälle, nicht selten sein. Nach der hier vertretenen Auffassung reicht es in diesen Fällen, also bei begründetem Geheimhaltungsinteresse des Verletzten an seiner aktuellen Adresse, seine Identität über sein Geburtsdatum und seinem Geburtsort zu konkretisieren. Das Geheimhaltungsinteresse ist glaubhaft zu machen, wobei jedoch ein Hinweis auf die Anklageschrift ausreichend sein kann, wenn ein solches Interesse nach dem Inhalt der Anklageschrift offenkundig ist.

dd) Feststellungsanträge

Nach einhelliger Auffassung ist im Adhäsionsverfahren auch ein Feststellungsantrag zulässig, wenn der Verletzte etwa seinen Schaden noch nicht beziffern kann, er aber – etwa wegen drohender Verjährung – ein rechtliches Interesse im Sinne von § 256 I ZPO an der Feststellung hat.[88] Die Zulässigkeit zur Stellung eines Feststellungs-Adhäsionsantrages wird daraus abgeleitet, dass der Erlass eines Grundurteils im Adhäsionsverfahren gesetzlich zugelassen wurde.

Der Adhäsionsantrag könne daher etwa wie folgt lauten:

„… festzustellen, dass der Angeklagte verpflichtet ist, der Antragstellerin alle aus dem Handtaschenraub vom 10.10.2006 im Stadtpark von Hamburg erwachsenen materiellen Schäden, soweit sie nicht auf einen Träger der Sozialversicherung übergehen, zu ersetzen."

Ein solcher Antrag soll zulässig sein, wenn der Verletzte die Schadenshöhe noch nicht beziffern kann, aber ein beachtliches rechtliches Interesse an einer baldigen Entscheidung zum Anspruchsgrund hat, und soll dann unbedenklich sein, weil eine stattgebende Entscheidung einem Grundurteil gleich käme.[89]

ee) Antrag unter Vorbehalt

Vor dem Hintergrund, dass Anträge erst zum Schluss der Beweisaufnahme gestellt werden müssen, ist es grundsätzlich zulässig, Anträge zunächst unter Vorbehalt zu

---

[87] S. d. Muster bei Plüür/Herbst, www.kammergericht.de, S. 5, KMR/Stöckel, § 403 Rn 12.
[88] Plüür/Herbst, www.kammergericht.de, S. 6; KMR/Stöckel, § 403 Rn 9; Löwe-Rosenberg/Hilger, § 404 Rn 1.
[89] Löwe-Rosenberg/Hilger, § 404 Rn 1; KMR/Stöckel, § 403 Rn 9.

stellen, bzw Anträge entsprechend anzukündigen. Als entsprechender Vorbehalt kommt insbesondere die Bewilligung von Prozesskostenhilfe in Betracht.

b) Angabe des Anspruchsgrundes

59 Gem. § 404 I 2 muss der Adhäsionsantrag auch den Anspruchsgrund bestimmt bezeichnen. Damit ist der konkrete Lebenssachverhalt gemeint, aus dem der Antragsteller seinen Anspruch ableitet. Dazu gehört die Behauptung aller Tatsachen, die den Adhäsionsantrag als schlüssig erscheinen lassen.[90] Die Angaben zum Anspruchsgrund sind insbesondere auch deshalb erforderlich, um dem Strafrichter durch einen Vergleich mit der Anklage die Überprüfung zu ermöglichen, ob ein Anspruch geltend gemacht wird, der aus der Straftat erwächst, die Gegenstand der Anklage ist. Zum Begriff der „Straftat" im Sinne von § 403 StPO s.u. Rn 131 ff.

c) Beweismittel

60 Nach § 404 I 2 soll der Antrag die Beweismittel enthalten. Da es sich bei dieser Vorschrift nur um eine „Soll"-Vorschrift handelt, ist die fehlende Angabe des Beweismittels unschädlich. Dies beruht auf dem auch für das Adhäsionsverfahren geltenden Aufklärungsgrundsatz aus dem Strafverfahren.[91]

8. Form des Antrags

61 Der Adhäsionsantrag ist gem. § 404 I 1 StPO schriftlich oder mündlich zur Niederschrift des Urkundsbeamten in der Hauptverhandlung zu stellen. Dort ist der Antrag zu protokollieren (§ 273 I StPO). Über den Wortlaut dieser Vorschrift hinaus kann der Antrag nach allgemeinen Grundsätzen auch außerhalb der Hauptverhandlung zur Niederschrift des Urkundsbeamten gestellt werden.[92]

9. Zeitpunkt der Antragstellung

62 Zum Zeitpunkt der Antragstellung findet sich eine gesetzliche Regelung in § 404 I 1 StPO, wonach der Antrag bis zum Beginn der Schlussvorträge gestellt werden kann. Eine gesetzliche Regelung zum frühestmöglichen Zeitpunkt der Antragstellung gibt es nicht. Aus der Formulierung in § 403 StPO und in § 404 I 3 StPO, in denen jeweils ausdrücklich von „dem Beschuldigten" die Rede ist, lässt sich aber schließen, dass eine Antragstellung schon im Ermittlungsverfahren zulässig ist. Zum Beschuldigten wird ein Antragsgegner mit Beginn der Ermittlungen gegen ihn. Demnach ist es zulässig, bereits mit der Strafanzeige einen Adhäsionsantrag zu stellen. Davon zu unterscheiden ist die Frage seiner Wirksamkeit und der Notwendigkeit, eine Entscheidung über den Antrag zu treffen (s.o. Rn 50)

Wirksam wird der Antrag gem. § 404 II StPO, sobald er bei Gericht eingeht und die Staatsanwaltschaft die Übersendung der Akten mit dem Antrag verbindet, das Hauptverfahren zu eröffnen. Eine Entscheidung über den Antrag sollte aber auch

---

[90] Löwe-Rosenberg/Hilger, § 404 Rn 1; KMR/Stöckel, § 404 Rn 3; SK-StPO/Velten, § 404 Rn 3.
[91] KMR/Stöckel, § 404 Rn 3; Löwe-Rosenberg/Hilger, § 404 Rn 1; Meyer-Goßner, § 404 Rn 3.
[92] KMR/Stöckel, § 404 Rn 1; Meyer-Goßner, § 404 Rn 2.

dann getroffen werden, wenn das Strafbefehlsverfahren beschritten wird und der Strafbefehl rechtskräftig oder nur zur Tagessatzhöhe angegriffen wird. Dazu siehe unten unter Rn 72 ff.

Als letztmöglichen Zeitpunkt der Antragstellung bestimmt § 404 I den Beginn der Schlussvorträge. Damit ist der Schlussvortrag der Staatsanwaltschaft gemeint, da diese Gelegenheit zur Stellungnahme zum Adhäsionsantrag haben muss.[93] Sofern es mehrmals zum Halten der Schlussvorträge kommt, ist die Stellung eines Adhäsionsantrages bis zum letztmaligen Plädoyer der Staatsanwaltschaft zulässig.[94]

Ein Adhäsionsantrag kann auch erstmals im Berufungsverfahren, auch hier bis zum Beginn der Schlussvorträge gestellt werden.[95] Zulässig ist auch eine erneute Antragstellung im Berufungsverfahren, nachdem in erster Instanz eine Absehensentscheidung getroffen wurde, da diese nicht in Rechtskraft erwächst.[96]

Dagegen ist in der Revisionsinstanz eine Antragstellung nicht mehr möglich. Nach Zurückverweisung lebt das Recht zur Antragstellung jedoch wieder auf.[97] Die Rechtzeitigkeit des Antrags ist als Verfahrensvoraussetzung von Amts wegen zu beachten.[98]

63

Für den Antragsteller ist zu beachten, dass die bloße Ankündigung eines Antrages, etwa in einem Prozesskostenhilfantrag, die Voraussetzungen für eine Antragstellung nicht erfüllt.[99] Er kann jedoch ein Interesse daran haben, den Antrag möglichst spät, also nach Abschluss der Beweisaufnahme zu stellen, um die Anspruchshöhe dem Ergebnis der Beweisaufnahme anzupassen und damit sein Kostenrisiko zu minimieren. Bei einer derart späten Antragstellung riskiert er jedoch, dass das Gericht gem. § 406 I 4 StPO wegen einer damit möglicherweise verbundenen Verfahrensverzögerung den Antrag als ungeeignet ansieht und deshalb von einer Entscheidung absieht.

64

10. Antragsrücknahme

Eine Antragsrücknahme ist gem. § 404 IV StPO bis zur Verkündung des Urteils zulässig. Dies gilt entsprechend der Befugnis zur Antragstellung auch in der Berufungsinstanz, nicht aber vor dem Revisionsgericht.[100] Nach einhelliger Auffassung ist auch eine Zustimmung des Beschuldigten zur Rücknahme nicht erforderlich. Nach der in allen Kommentaren vertretenen Auffassung hat eine Antragsrücknahme keinerlei Sperrwirkung, sie steht also weder einer zivilprozessualen Klage noch einer erneuten Antragstellung im Adhäsionsverfahren entgegen.[101] Dies beruht darauf, dass es im Adhäsionsverfahren an einer dem § 392 StPO vergleichbaren Regelung fehlt. Nach

65

---

93 BGH, NStZ 1998, 477.
94 Löwe-Rosenberg/Hilger, § 404 Rn 4.
95 KMR/Stöckel, § 404 Rn 5; Meyer-Goßner, § 404 Rn 4; Löwe-Rosenberg/Hilger, § 404 Rn 4.
96 KG, NStZ-RR 2007, 280.
97 BGH, NStZ-RR 2001, 266 Nr. 32.
98 BGH, NStZ 1998, 477.
99 BGH, Strafverteidiger 1988, 515; Löwe-Rosenberg/Hilger, § 404 Rn 1.
100 Meyer-Goßner, § 404 Rn 13; KMR/Stöckel, § 404 Rn 19.
101 Andere Ansicht Köckerbauer, Die Geltendmachung zivilrechtlicher Ansprüche im Strafverfahren – der Adhäsionsprozeß, NStZ 1994, 305 (307).

§ 392 StPO kann die zurückgenommene Privatklage nicht von neuem erhoben werden.

II. Das Adhäsionsverfahren bis zum Hauptverhandlungstermin

1. Zustellung des Adhäsionsantrags

a) Antragstellung

Der Adhäsionsantrag kann bereits mit der Anzeige bei der Staatsanwaltschaft gestellt werden, s.o Rn 62. Nach Ziff. 174 RiStBV ist der Staatsanwalt gehalten, den Antrag unverzüglich dem Gericht zuzuleiten (s. unter Rn 264).

66

Mit Eingang des Antrags bei Gericht – und nicht erst mit seiner Zustellung an den Antragsgegner – tritt die Rechtshängigkeit ein, unabhängig davon, ob bereits eine Anklage der Staatsanwaltschaft vorliegt oder nicht. Wie im Zivilprozess wird mit der Rechtshängigkeit die Verjährung[102] unterbrochen und es können Zinsansprüche nach den §§ 291, 288 BGB geltend gemacht werden. Eine neue Klage über denselben Streitgegenstand ist dann unzulässig (§ 261 III Nr. 2 ZPO)[103] und der Adhäsionskläger kann seine Rechte nach § 42 ZPO wahrnehmen.[104] Die Entscheidungen des BGH,[105] die für den Eintritt der Rechtshängigkeit die förmliche Zustellung des Antrags fordern, sind dem ausdrücklichen Willen des Gesetzgebers[106] zufolge überholt.[107] Die Meinungen, die die Wirkung der Rechtshändigkeit bereits mit der Antragsstellung bei der Staatsanwaltschaft eintreten lassen wollen[108], stehen nicht im Einklang mit Ziff. 174 RiStBV und dem nunmehr im Gesetz zur Verbesserung der Rechte von Verletzten im Strafverfahren (Opferrechtsreformgesetz-OpferRRG) ausdrücklich erklärten Willen des Gesetzgebers.[109]

Wird ein Adhäsionsantrag vor Erhebung der Anklage unter Umgehung der Staatsanwaltschaft unmittelbar bei Gericht gestellt, so ist dieser vom Gericht zunächst der Staatsanwaltschaft zuzuleiten. Diese ist bis zur Anklageerhebung Herrin des Verfahrens. Nur sie kann in diesem Verfahrensstadium prognostizieren, welches Gericht für das Strafverfahren und damit auch für den Adhäsionsantrag zuständig sein wird.

67

Ein Antrag auf Prozesskostenhilfe für ein Adhäsionsverfahren oder gar die bloße Ankündigung eines solchen ist kein Antrag im Sinne des § 404 StPO und entfaltet daher auch nicht dessen Wirkung.[110] Die Reaktion des Gerichts auf einen solchen Antrag ist davon abhängig, was der Antragsteller mit diesem bezweckt. Sofern er nur der Information der übrigen Verfahrensbeteiligten dienen soll, sollte er ebenfalls der Staatsanwaltschaft übersandt werden.

68

---

102 S. zur Verjährung OLG Rostock, OLG-NL 2000, 117; OLG Karlsruhe, NJW-RR 1997, 508f.
103 SK-StPO/Velten, § 404 Rn 6.
104 BVerfG, – 2 BvR 958/06 – Rn 19, n.v.
105 BGH StraFo 2004, 386f; BGH NStZ-RR 2005, 380 (der Sachverhalt stammt aus der Zeit vor dem 1.9.2004).
106 BT-Drucks. 15/1976, S. 15.
107 AA wohl Pfeiffer, Strafprozessordnung, 5. Auflage, § 404 Rn 3 und 4.
108 ZB. Eggert, Rechtshängigkeit der Schmerzensgeldklage durch Entschädigungsantrag im Adhäsionsverfahren, VersR 1987, 546; Schirmer, Das Adhäsionsverfahren nach neuem Recht – die Stellung der Unfallbeteiligten und deren Versicherer, DAR 1988, 123.
109 BT-Drucks. 15/1976, S. 15; so auch bereits zur alten Rechtslage zB Löwe-Rosenberg/Hilger, § 404 Rn 3; SK/Velten, § 404 Rn 4.
110 BGH bei Miebach, NStZ 1990, 230.

b) Zustellung des Antrages

69 Nach § 404 I 3 StPO ist der ordnungsgemäß gestellte Antrag dem Beschuldigten zuzustellen. Wie das Gericht, bei dem der Antrag vor Erhebung der öffentlichen Klage eingeht, mit der Zustellung verfahren soll, scheint derzeit noch nicht ganz geklärt.

Üblicherweise werden eingehende Anträge im Zivilverfahren sofort dem Klagegegner zugeleitet. Ob das bei einer noch nicht erhobenen Anklage eine vernünftige Vorgehensweise wäre, mag bezweifelt werden.

Der Gesetzeswortlaut des § 404 I 3 (...ist dem *Beschuldigten* zuzustellen...) könnte auf eine Notwendigkeit der sofortigen Zustellung nach Eingang des Antrages hindeuten.

Jedoch erfolgt der mit der Strafanzeige oder kurz darauf gestellte Adhäsionsantrag zu einem Zeitpunkt, zu dem der Beschuldigte oft von einem gegen ihn anhängigen Strafverfahren noch nichts weiß, er also zB auch noch nicht vernommen worden ist. Ihn bereits in diesem frühen Verfahrensstadium mit Übermittlung des Adhäsionsantrages über ein gegen ihn anhängiges Ermittlungsverfahren in Kenntnis zu setzen, könnte ermittlungstaktischen Erwägungen zuwider laufen (s. insbes unter C Rn 269).

Zum anderen ist die mögliche Art des Abschlusses des Ermittlungsverfahrens – Einstellung nach den §§ 170 II StPO, 153 oder 153a, 154 StPO oder Stellung eines Antrags auf Erlass eines Strafbefehls bzw die Erhebung der Anklage bei einem Gericht anderer Ordnung – in diesem Verfahrensstadium noch nicht absehbar.

Damit sind auch die Zulässigkeit des Antrages selbst und die Entscheidungszuständigkeit des Eingangsgerichts zu diesem frühen Zeitpunkt noch unklar.

70 Nach diesseitiger Auffassung erscheint es sinnvoller, auch den vor Anklageerhebung gestellten Adhäsionsantrag erst nach Eingang der Anklage mit dieser gemeinsam dem Angeschuldigten zuzustellen. Um die Rechtshängigkeit sicher zu dokumentieren, dürften bei Eingang des Antrages dessen Eintragung als AR-Verfahren und der Eingangsstempel des Gerichts ausreichen.

Die vom Bundesgerichtshof geforderte förmliche Zustellung ist aus den Gründen der damaligen Entscheidung[111] nicht mehr zwingend notwendig. Dennoch empfiehlt es sich den Adhäsionsantrag förmlich zuzustellen. Dadurch kann sicher dokumentiert werden, dass dem Angeschuldigten rechtliches Gehör gewährt worden ist.[112]

Eine Erwiderungsfrist für den Antragsgegner sieht das Gesetz nicht vor, also ist der Angeschuldigte nur auf sein Recht zur Stellungnahme und das neben dem Amtsermittlungsgrundsatz[113] bestehende Recht zur Beantragung einzelner Beweiserhebungen hinzuweisen.

---

111 BGH, StraFo 2004, 386f; BGH, NStZ-RR 2005, 380.
112 Siehe zB auch KMR/Stöckel § 404 Rn 17; Meyer-Goßner, § 404 Rn 5 iVm § 35 Rn 10; Sommerfeld, Zur „Entschädigung des Verletzten" im „Verfahren bei Strafbefehlen", NStZ 2004, 420f (423).
113 KMR/Stöckel, § 404 Rn 12 f; Dallmeyer, Das Adhäsionsverfahren nach der Opferrechtsreform, JuS 2005, 327, 328.

c) Muster für die Zustellung

Für die Zustellung des Adhäsionsantrages, der **vor oder gleichzeitig** mit der Anklage eingegangen ist, kann das Formular STP 18 wie folgt abgewandelt werden:

Sehr geehrter Herr T.,

in der Strafsache gegen Sie

wegen...

erhalten Sie anliegend eine Anklageschrift

und den Antrag der Frau O ... auf Entschädigung im Strafprozess übersandt.

Zur Anklage:

Sie können innerhalb von 2 Wochen die Vornahme einzelner Beweiserhebungen vor der Entscheidung über die Eröffnung des Hauptverfahrens beantragen oder Einwendungen gegen die Eröffnung des Hauptverfahrens vorbringen. Wenn Sie die Vernehmung von Zeugen beantragen, müssen Sie die Tatsachen angeben, über die jeder einzelne Zeuge vernommen werden soll.

Alle Anträge können Sie schriftlich oder zu Protokoll der Geschäftsstelle des Gerichts stellen. Bei schriftlichen Erklärungen genügt es zur Fristwahrung nicht, dass die Erklärung innerhalb der Frist zur Post gegeben wird. Die Frist ist vielmehr nur dann gewahrt, wenn die Erklärung vor Fristablauf bei Gericht eingeht.

Ihnen wird ein Verteidiger zu bestellen sein, da Ihnen ein Verbrechen zur Last gelegt wird (§ 140 I Nr. 2 StPO).

Bitte teilen Sie innerhalb einer Woche mit, ob Sie bereits einen Rechtsanwalt beauftragt haben bzw welcher Rechtsanwalt Ihnen beigeordnet werden soll.

Zum Antrag auf Entschädigung im Strafprozess:

Die laut Anklage Geschädigte (die Erben des ...) macht mit diesem Antrag ihre etwaigen aus der angeklagten Straftat entstandenen Ansprüche auf ... geltend.

Falls eine Verteidigung gegen den Antrag auf Entschädigung im Strafprozess beabsichtigt ist, können Sie sich auch hierzu binnen zwei Wochen selbst oder durch Ihren Verteidiger oder aber durch einen anderen für dieses Adhäsionsverfahren beauftragten Rechtsanwalt äußern und insbesondere die Durchführung einzelner Beweiserhebungen in der Hauptverhandlung beantragen.

Mit freundlichen Grüßen

Für den **nach** Anklageerhebung außerhalb einer Hauptverhandlung eingehenden Adhäsionsantrag empfiehlt sich mit dessen Zustellung ein Anschreiben der folgenden Art:

Sehr geehrter Herr T.,

in der Strafsache gegen Sie

wegen ...

Wird Ihnen anliegend der Antrag der Frau O ... auf Entschädigungsleistungen im Strafprozess übersandt. Sie macht mit diesem Antrag ihre etwaigen aus der angeklagten Straftat entstandenen Ansprüche auf ... geltend.

Falls eine Verteidigung gegen diesen Antrag beabsichtigt ist, können Sie sich hierzu binnen zwei Wochen selbst oder durch Ihren Verteidiger oder durch einen anderen für das Adhäsionsverfahren beauftragten Rechtsanwalt äußern und insbesondere die Durchführung einzelner Beweiserhebungen in der Hauptverhandlung beantragen.

Mit freundlichen Grüßen

d) Der Adhäsionsantrag im Strafbefehlsverfahren

72 Ein besonderes Problem stellt die Zustellung des Adhäsionsantrags im Strafbefehlsverfahren dar.

Grundsätzlich ist eine Entscheidung über den Adhäsionsantrag im Strafbefehlsverfahren unzulässig,[114] s. auch unter Rn 50. Zwar ist nach § 410 III StPO der Strafbefehl, gegen den nicht rechtzeitig Einspruch eingelegt wurde, einem Urteil gleichzusetzen, so dass der Sachverhalt, der den Anspruch des Adhäsionsklägers begründet, als feststehend[115] gilt. Jedoch kann der Strafbefehl nur in seltenen Fällen auch eine ausreichende Grundlage für die Bemessung der Höhe etwaiger Schmerzensgeld- und Schadensersatzforderungen sein.[116] Erst mit dem Einspruch gegen den Strafbefehl, der nicht auf die Höhe der Tagessätze beschränkt wird (§ 411 I 3 StPO), ist eine Hauptverhandlung durchzuführen und eine Entscheidung über den Adhäsionsantrag zulässig.

Dies gilt ebenfalls für auf das Strafmaß beschränkte Einsprüche gegen den Strafbefehl. Für die Erörterung des Strafmasses kommt es wie für den Antrag im Adhäsionsverfahren auf die Umstände der Tat und deren Folgen für das Opfer an.

73 Ob der Adhäsionsantrag, der somit mit Ausnahme der Rechtshängigkeit zum Zeitpunkt der Zustellung des Strafbefehls noch keine weitere Wirkung entfaltet, dem Beschuldigten zeitgleich zuzustellen ist, erscheint fraglich.

Um den Beschuldigten von Anfang an in vollem Umfang über die Dimension eines etwaigen Einspruchs in Kenntnis zu setzen, ist es erforderlich, dass er mit einem entsprechenden Hinweis den Adhäsionsantrag mit dem Strafbefehlsantrag übersandt bekommt. Der Beschuldigte selber erhält damit die Möglichkeit, mit einem Einspruch gegen den Strafbefehl das zukünftige Zivilverfahren zu vermeiden und ggf mit einem Anerkenntnis oder einem Vergleich Strafmilderung zu erlangen.[117]

---

114 So die wohl hM, zB: Loos, Probleme des neuen Adhäsionsverfahrens, GA 2006, 195f, 197; Löwe-Rosenberg/Hilger, § 403 Rn 20; SK-StPO/Velten, § 403 Rn 9; Pfeiffer, § 402 Rn 5 ; aA Kuhn, Das neue Adhäsionsverfahren, JR 2004, 397; Sommerfeld, NStZ 2004, 420f.
115 Meyer-Goßner, § 410 Rn 8.
116 S. hierzu und zu dem Argument des Willens des Gesetzgebers auch Loos, GA 2006, 195f (197f); ähnlich BGH, NJW 1991, 1243f, der für ausnahmslos eine mündliche Verhandlung für die Entscheidung über den Adhäsionsantrag fordert.
117 Z. Strafmildernden Wirkung des Vergleichs s., Plüür/Herbst, Das Gesetz zur Verbesserung der Rechte von Verletzten im Strafverfahren vom 24. Juni 2004 und seine Auswirkungen auf das Adhäsionsverfahren, www.kammergericht.de, S. 18.

Für die **Zustellung des Strafbefehls mit Adhäsionsantrag** empfiehlt sich daher ein Zusatz nach folgendem Beispiel:

„Anliegend erhalten Sie ebenfalls den Antrag der Frau O. ... auf Entschädigung im Strafverfahren nach den §§ 403ff StPO. Dieser Antrag ist mit Eingang bei Gericht am ... (Datum) rechtshängig geworden. Soweit Sie keinen Einspruch gegen den Strafbefehl einlegen, wird über den Adhäsionsantrag nicht entschieden werden, weil darüber im Strafbefehlsverfahren nicht entschieden werden darf. Der Antragsteller/die Antragstellerin kann dann eine gesonderte Klage vor dem zuständigen Zivilgericht gegen Sie erheben.

Sollten Sie einen Einspruch gegen den Strafbefehl einlegen und es zur Hauptverhandlung kommen, so hat das Gericht zu prüfen, ob und ggf in welcher Höhe dem Adhäsionsantrag stattzugeben ist."

Um auch den Anforderungen des § 406 V 1 StPO mit Blick auf den anwaltlich nicht vertretenden Adhäsionskläger zu genügen, kann es sich insoweit empfehlen, diesen mit folgendem (Muster-)anschreiben über den Lauf des Verfahrens zu informieren:

Sehr geehrte Frau O.,

Ihr Antrag auf Entschädigung im Strafverfahren ist hier am .... eingegangen und seitdem rechtshängig. Die Staatsanwaltschaft ... hat in dieser Sache allerdings nunmehr einen Antrag auf Erlass eines Strafbefehls gestellt. Wenn der Angeklagte keinen Einspruch gegen den Strafbefehl einlegt, wird es nicht zu einer Hauptverhandlung kommen. Über Ihren Antrag auf Zuerkennung einer Entschädigung kann in diesem Fall im Strafverfahren nicht verhandelt werden, so dass dementsprechend von einer Entscheidung über diesen Antrag abgesehen werden muss. Sie haben dann aber die Möglichkeit Ihre Ansprüche vor einem Zivilgericht geltend zu machen.

Sollte der Angeklagte Einspruch einlegen, werden Sie über den Termin zur Hauptverhandlung benachrichtigt. In der mündlichen Verhandlung, an der Sie teilnehmen können, auch wenn Sie nicht als Zeuge geladen werden, kann dann über Ihren Antrag entschieden werden.

Bei einem anwaltlich vertretenen Geschädigten dürfte ein kurzer Hinweis an den Prozessbevollmächtigten über die Erforderlichkeit einer Absehensentscheidung (s.u. Rn 128 ff) wegen des Strafbefehlsverfahrens genügen.

Der im Strafbefehlsverfahren gestellte Adhäsionsantrag darf auch bei fehlendem Einspruch und somit eingetretener Rechtskraft des Strafbefehls nicht ignoriert werden. Der einmal bei Gericht eingegangene Antrag kann sich mit der Rechtskraft des Strafbefehls weder von selbst erledigen[118] noch ohne weiteres gegenstandslos[119] werden.

Da mit § 404 II StPO die Wirkungen der Rechtshängigkeit mit Eingang des Antrags bei Gericht eintreten, muss diese Rechtshängigkeit auch wieder beendet werden. Erst

---

118 So noch Löwe-Rosenberg/Hilger, § 403 Rn 21.
119 So Loos, GA 2006, 195f (198), der dann auch nur von einer vorläufigen Gegenstandslosigkeit spricht.

dann kann der Geschädigte den Zivilrechtsweg beschreiben ohne sich dort der Einrede der anderweitigen Rechtshängigkeit (§ 261 III Nr. 1 ZPO) auszusetzen.

Hinzu kommt, dass die Absehensentscheidung die verjährungsunterbrechende Wirkung des Adhäsionsantrages beendet.[120] Das Gericht sollte daher zumindest zur Klarstellung im Beschlusswege eine Absehensentscheidung nach § 406 I 6, V 2 StPO treffen.[121]

Muster eines Beschlusses:

Beschluss

In der Strafsache gegen ...

wegen ...

wird von einer Entscheidung über den Adhäsionsantrag der

Geschädigten O......

vertreten durch Rechtsanwalt ...

abgesehen (§ 406 I 3 StPO).

Gründe:

Der Strafbefehl gegen den Angeklagten hat ohne Einspruch Rechtskraft erlangt. Damit ist der Adhäsionsantrag unzulässig, da er gem. § 403 StPO nur im Strafverfahren, nicht aber im Strafbefehlsverfahren geltend gemacht werden kann.

2. Die Hinweispflicht nach § 139 ZPO

77 Die Geltung des § 139 ZPO im Adhäsionsverfahren ist im Ergebnis unbestritten.[122] Die richterliche Hinweispflicht gilt in jedem Verfahrensstadium und zwar bis zum Ende der Hauptverhandlung. Zum Meinungsstand und zum Umfang der Hinweispflicht s. auch oben Rn 27.

So hat das Gericht bei Eingang der Antragsschrift den Adhäsionskläger auf Mängel der Klage hinzuweisen, wie zB auf das Fehlen eines hinreichend bestimmten Antrages oder Anspruchsgrundes.[123] Hingegen muss auf die fehlende Angabe von Beweismitteln nicht hingewiesen werden, weil diese wegen des auch für das Adhäsionsverfahren geltenden Amtsermittlungsgrundsatzes kein zwingender Bestandteil der Klage sind, selbst wenn es sich um Beweismittel zur Schadenshöhe handelt.[124]

Die Hinweispflicht gilt auch zugunsten des Beschuldigten/Angeklagten.[125] Er ist insbesondere nachhaltig auf die Bedeutung der Adhäsionsklage hinzuweisen, damit er

---

[120] Vgl. HansOLG, MDR 1988, 1054.
[121] So zumindest für Zweifelsfälle dann auch Löwe-Rosenberg/Hilger, § 403 Rn 21.
[122] Die Meinungen, die die gesamte Problematik unter § 244 II StPO erfassen wollen, gelangen letztlich über diesen doch wieder zu § 139 ZPO, vgl Nachweise bei Loos, GA 2006, 195f Rn 26.
[123] S. SK-StPO/Velten, § 404 Rn 3.
[124] Loos, GA 2006, 195f, (200), der in Fn 29 aber auch die Problematik aus der Abgrenzung zu § 139 BGB aufzeigt.
[125] Loos, GA 2006, 195f, Fn 26.

seine Verteidigung nicht lediglich auf den strafrechtlichen Vorwurf beschränkt und von der späteren Entscheidung überrascht wird.[126]

Das Gericht hat sich bei seiner Hinweispflicht allerdings immer auf das Neutralitätsgebot zu besinnen. Dieses ist spätestens dann verletzt, wenn auf den Adhäsionskläger so eingewirkt wird, dass ihm eine jenseits des eigentlichen Klagantrages liegende Umstellung seines Klagebegehrens nahezu „in den Mund gelegt" wird.[127] Hier dürfte die Grenze zur Besorgnis der Befangenheit erreicht sein.

Rechtliche Hinweise sollten möglichst offen und zur Kenntnis aller Verfahrensbeteiligten erfolgen. Außerhalb der Hauptverhandlung sind sie als Vermerk oder Verfügung jeweils mit Abschrift an den Prozessgegner aktenkundig zu machen; in der Hauptverhandlung sind sie zu Protokoll zu geben.[128] Es entspricht dem Grundsatz des rechtlichen Gehörs, dass den Betroffenen dann auch ausreichend Gelegenheit zur Reaktion auf den richterlichen Hinweis gegeben wird.[129]

Gibt der Angeklagte oder der Nebenkläger auf den Hinweis erneut eine unzureichende Erklärung ab, so ergibt sich für das Gericht unter Umständen eine weitere Hinweispflicht. Gleiches gilt, wenn die Parteien den Hinweis offensichtlich nicht verstanden haben oder das Gericht von dem im Hinweis verdeutlichten Standpunkt wieder abrücken will.[130]

Für einen schriftlich erteilten rechtlichen Hinweis könnte im Falle eines den Bestimmtheitsanforderungen nicht genügenden Antrags auch auf das unter Rn 273, 274 angeführte Musterformular mit folgenden Anschreiben zurückgegriffen werden:

78

Sehr geehrte Frau O…,

Ihr Antrag auf Entschädigung im Strafverfahren ist hier am … (zusammen mit der Anklage gegen Herr T) eingegangen.

Ich weise jedoch darauf hin, dass Ihr Antrag nicht den gesetzlichen Anforderungen entsprechen dürfte. So haben Sie insbesondere

– nicht ausreichend dargelegt, worauf Sie Ihren Anspruch im Einzelnen stützen
– einen nicht ausreichend konkreten Antrag gestellt.

Zu Ihrer Information füge ich ein Antragsformular mit Hinweisen bei, mit dessen Hilfe Sie Ihren Antrag ergänzen können.

Zur richterlichen Hinweispflicht gehört auch die Anhörung vor einer beabsichtigten Absehensentscheidung nach § 406 V Satz 1 StPO, hierzu im Einzelnen unter Rn 146.

---

[126] S. auch BGHSt 37, 260f.
[127] Zu den Abgrenzungskriterien Zöller, ZPO § 139 Rn 15.
[128] BGHSt 37, 260f; Zöller, ZPO § 138, Rn 13.
[129] Zöller, ZPO Rn 14.
[130] Zu der Gesamtthematik vgl Zöller, ZPO Rn 14a.

III. Die Behandlung des Adhäsionsantrages im Zwischenverfahren und die Vorbereitung der Hauptverhandlung

1. Beteiligung des Adhäsionsklägers im Zwischenverfahren

79 Wenn das Gericht nach § 202 StPO Beweisanordnungen im Zwischenverfahren trifft oder selbst richterliche Untersuchungshandlungen, namentlich Vernehmungen, durchführen will,[131] so ist der Adhäsionskläger hieran nicht zu beteiligen. Er erhält auch keine Terminsnachricht.

Gleiches gilt für im Zwischenverfahren stattfindende Haftprüfungstermine.[132] Dies folgt aus § 404 III StPO, wonach der Adhäsionskläger erst mit der Hauptverhandlung aktiv am Verfahren beteiligt wird.

Wird das Hauptverfahren nicht eröffnet, so erhält der Adhäsionskläger, der immer zugleich Verletzter im Sinne des § 406d I StPO sein dürfte, eine Miteilung über diesen Ausgang des Verfahrens. Das Gleiche gilt über § 35 StPO auch für den Eröffnungsbeschluss.[133]

Den jeweiligen Beteiligten (Staatsanwaltschaft, Angeklagter, Adhäsionskläger) sind die Schriftsätze im Adhäsionsverfahren, die außerhalb der Hauptverhandlung eingehen, in Ablichtung zuzuleiten, damit der Grundsatz des rechtlichen Gehörs eingehalten wird.

2. Absehensentscheidung im Zwischenverfahren

80 § 406 V StPO verpflichtet das Gericht so früh wie möglich – nach entsprechendem Hinweis an die Beteiligten (§ 406 V 1 StPO) – eine Absehensentscheidung zu treffen. Dieser Grundsatz gilt auch bereits im Zwischenverfahren. Insbesondere im Falle einer Unzulässigkeit des Antrages (siehe dazu Rn 51 ff), die sich schnell absehen lässt, kann bereits mit oder schon vor dem Eröffnungsbeschluss eine Absehensentscheidung getroffen werden.[134] Hingegen wird sich nur in wenigen Fällen eine Ungeeignetheit wegen wesentlicher Verfahrensverzögerung (§ 406 I 5 StPO) schon zu diesem Zeitpunkt abzeichnen.

Im Strafbefehlsverfahren – für das es ohnehin kein Zwischenverfahren gibt – kann allerdings erst mit dem Ablauf der Einspruchsfrist entschieden werden, ob der Adhäsionsantrag zulässig ist (vgl unter Rn 72 ff).

3. Vorbereitung der Hauptverhandlung

a) Terminierung

81 Der Adhäsionskläger erhält nach § 404 III 1 StPO eine Terminsnachricht, eine förmliche Ladung ist nicht erforderlich.[135] Der Adhäsionskläger darf, muss aber nicht an der Hauptverhandlung teilnehmen (§ 404 III 2 StPO).

---

131 Zu deren Zulässigkeit vgl HansOLG Hamburg, MDR 1996, 731ff.
132 So wohl auch Plüür/Herbst, www.kammergericht.de, S. 9, wobei sich das dort aufgezeigte Problem der Hauptverhandlung im direkten Anschluss an den Haftprüfungstermin in der Praxis wohl kaum stellen dürfte.
133 Vgl. Meyer-Goßner, § 35 Rn 2 iVm § 33 Rn 4 und Einl. Rn 73.
134 Zu den Einzelheiten des Beschlusses s. unter VII.
135 Plüür/Herbst, www.kammergericht.de, S. 9.

III. Die Behandlung des Adhäsionsantrages im Zwischenverfahren

Aus diesem Grunde sind Anträge auf eine eventuelle Terminsverlegung zwar sorgfältig zu prüfen, stattgegeben werden muss ihnen aber nicht. Das zugunsten des inhaftierten Angeklagten verfassungsrechtlich verankerte Beschleunigungsgebot sowie auch im Übrigen sein genereller Anspruch auf eine möglichst zeitnahe Hauptverhandlung werden dem Begehren des Adhäsionsklägers auf Terminsverlegung in der Regel vorgehen. Diese grundlegenden Rechte des Angeklagten werden auch durch das das Gesetz zur Verbesserung der Rechte von Verletzten im Strafverfahren (Opferrechtsreformgesetz-OpferRRG) nicht eingeschränkt.

Wird demnach dem Terminsverlegungsantrag des Adhäsionsklägers (wohl in der Regel eher) nicht entsprochen und bleibt dieser somit unfreiwillig dem Hauptverhandlungstermin fern, so wird bei in der Hauptverhandlung unvorhergesehen auftretenden Einzelfragen hinsichtlich des Klagebegehrens abzuwägen sein, ob ein neuer Termin (mit dem Adhäsionskläger) anzuberaumen oder eine Absehensentscheidung zu treffen ist,[136] vgl unten Rn 89.

b) Herbeischaffung von Beweisgegenständen (§ 221 StPO)

Bei der Vorbereitung des Hauptverhandlungstermins und der entsprechenden Terminierungs- bzw Ladungsverfügung darf der Vorsitzende sich nicht auf die in der Anklageschrift genannten Beweismittel beschränken. Vielmehr müssen die in der Adhäsionsschrift angeführten Beweismittel ebenfalls bei der Terminierung berücksichtigt werden. Dies gilt auch im Falle eines bereits im Ermittlungsverfahren geständigen Angeklagten, sofern die Folgen der Tat bzw die Höhe der dargelegten Schadenspositionen nicht unstreitig sind. Auch hier gilt der Amtsermittlungsgrundsatz, wobei es sich aus Beschleunigungsgründen anbieten kann, schon vor Beginn der Hauptverhandlung absehbar erforderliche Sachverständigengutachten in Auftrag zu geben.

82

Obwohl das Adhäsionsverfahren einem Zivilverfahren innerhalb des Strafprozesses entspricht, gelten kostenrechtlich ausschließlich die Vorschriften der StPO, so dass zB eine Vorschusspflicht des Adhäsionsklägers für ein einzuholendes Sachverständigengutachten nicht existiert.[137]

Umfangreiche Beweisaufnahmen zur Schadenshöhe rechtfertigen auch nach dem Gesetz zur Verbesserung der Rechte von Verletzten im Strafverfahren die Absehensentscheidung nach § 406 StPO wegen Ungeeignetheit der Sache.[138] Allerdings muss hierbei beachtet werden, dass im Adhäsionsverfahren Grund- und Teilurteile vorgesehen sind (§ 406 I 2 StPO).[139] Eine vollständige Absehensentscheidung kann daher bei einer „nur" streitigen Schadenshöhe lediglich in Ausnahmefällen, namentlich zB in umfangreichen und schwierigen Wirtschaftsstrafverfahren[140] oder bei besonders problematischen gesundheitlichen Konstellationen des Opfers und deren Abgrenzung zu feststellbaren Folgen der vorgeworfenen Tat[141] getroffen werden.

---

136 Plüür/Herbst, www.kammergericht.de, S. 16f.
137 LG Hildesheim, Nds.Rpfl. 2007, 187, 189.
138 OLG Celle, StV 2007, 293f.
139 Zur Gesamtproblematik s. auch Loos, GA 2006, 195f (208).
140 S. LG Hildesheim und OLG Celle a.a.O.
141 Siehe auch das Beispiel bei BGHR StPO, § 405 S. 2 Nichteignung 3.

Wegen der weiteren Einzelheiten zur Möglichkeit einer Absehensentscheidung wegen fehlender Eignung siehe unten unter Rn 137 ff.

c) Einstellungen im Zwischenverfahren

83 Mit der Rechtshängigkeit des Adhäsionsantrages ist dieser auch für die Frage der Einstellung des Verfahrens nach Opportunitätsgesichtspunkten (§§ 153, 153 a StPO) relevant. Dies gilt sowohl im Zwischenverfahren als auch später im Hauptverfahren. Grundsätzlich steht ein gestellter Adhäsionsantrag einer Einstellung nach den §§ 153, 153a StPO nicht entgegen. Jedoch muss den schützwürdigen Belangen eines Opfers bei der Frage, ob das öffentliche Interesse an der Strafverfolgung durch geeignete Auflagen beseitigt werden kann, ausreichend Rechnung getragen werden (s. dazu auch Rn 280, 90).

Auch von anderen Einstellungen, insbesondere nach § 205 StPO, ist der Adhäsionskläger als Beteiligter am Verfahren in Kenntnis zu setzen.

IV. Das Adhäsionsverfahren in der Hauptverhandlung
1. Anhörung statt Antragstellung

Sofern der Antragsteller seinen Adhäsionsantrag bereits schriftlich oder zu Protokoll des Urkundsbeamten gestellt hat, bedarf es einer förmlichen Stellung des Adhäsionsantrages im Termin und seiner Protokollierung nicht.[142] Dies folgt daraus, dass der Antragsteller nach der im Gesetz getroffenen Regelung nicht dazu verpflichtet ist, an der Hauptverhandlung teilzunehmen (§ 404 III StPO).[143] Dem entspricht, dass der Angeklagte keinen Klageabweisungsantrag stellen muss. Dies folgt auch bereits daraus, dass ein Versäumnisurteil gegen den Angeklagten in den Vorschriften zum Adhäsionsverfahren nicht vorgesehen ist.

Demgegenüber folgt aus dem Grundsatz des rechtlichen Gehörs, dass in der Hauptverhandlung sowohl der dort anwesende Adhäsionskläger als auch der Angeklagte zum Adhäsionsantrag gehört werden müssen. Dies ist als wesentliche Förmlichkeit zu protokollieren. So hat der BGH bereits 1956 entschieden, dass das Recht des Adhäsionsklägers zur Teilnahme an der Hauptverhandlung nur den Sinn haben kann, dass er hier Gelegenheit hat, sich zu dem von ihm erhobenen Anspruch zu äußern.[144]

Auch der Angeklagte ist in der Hauptverhandlung zu dem Adhäsionsantrag zu hören, was als wesentliche Förmlichkeit in das Protokoll der Hauptverhandlung aufzunehmen ist.[145] Der erhobene Anspruch ist in der Hauptverhandlung zu erörtern, weil sich das weitere Verfahren nach der Antragstellung ausschließlich nach den Vorschriften der StPO richtet und diese für die Hauptverhandlung vom Grundsatz der Mündlichkeit ausgeht, der besagt, dass nur der mündlich vorgetragene und erörterte Prozessstoff dem Urteil zugrunde gelegt werden darf.[146]

Zu welchem Zeitpunkt der Antragsteller in der Hauptverhandlung zu hören ist, schreibt das Gesetz nicht vor. Es bleibt daher dem Ermessen des Vorsitzenden gem. § 238 StPO überlassen, wann er dem Antragsteller Gelegenheit zur Äußerung und Begründung seiner Anträge geben will, wobei §§ 243 StPO (Gang der Hauptverhandlung) und 258 II StPO (Schlussvorträge, letztes Wort) zu beachten sind.[147]

Bei der Ermessensentscheidung sollten Fragen der Beweiswürdigung Berücksichtigung finden. Daher kann es geboten sein, den Adhäsionskläger als erstes nach der Einlassung des Angeklagten anzuhören, wenn er zugleich als Zeuge in Betracht kommt, damit er bei der weiteren Beweisaufnahme anwesend sein kann, ohne dass dadurch der Beweiswert seiner Zeugenaussage beeinträchtigt wird.[148]

---

142 BGHSt 37, 260; Plüür/Herbst, www.kammergericht.de, S. 15.
143 BGHSt 37, 260.
144 BGH, NJW 1956, 1767.
145 BGHSt 37, 260.
146 BGHSt 37, 260.
147 BGH, NJW 1956, 1767.
148 Plüür/Herbst, NJ 2005, 153, 155.

2. Stellung des Adhäsionsklägers

a) Teilnahmerecht

86 In § 404 III 2 StPO ist ausdrücklich ein Teilnahmerecht des Adhäsionsklägers an der Hauptverhandlung normiert. Dieses Teilnahmerecht gilt auch dann, wenn der Adhäsionskläger als Zeuge vernommen werden soll.[149] Der Konflikt mit § 58 I StPO, wonach Zeugen einzeln und in Abwesenheit der später zu hörenden Zeugen zu vernehmen sind, lässt sich zwar dadurch lösen, dass der Adhäsionskläger als erster Zeuge vernommen wird und sodann im Saal verbleibt. Durch diese Vorgehensweise wird aber nicht der Widerspruch zu § 243 II StPO gelöst, wonach die Zeugen nach Feststellung ihrer Anwesenheit den Sitzungssaal bis zu ihrer eigenen Vernehmung zu verlassen haben. Insoweit ist § 404 III 2 StPO als Ausnahmevorschrift zu § 243 II StPO aufzufassen. Der sowohl in § 58 I StPO als auch in § 243 II StPO zum Ausdruck kommende Vorrang der Wahrheitsfindung ist also durch § 404 III 2 zu Gunsten der Interessen des Geschädigten durchbrochen worden.[150] Verfassungsrechtlich begründet ist diese Durchbrechung des Grundsatzes des Schutzes der Wahrheitsfindung durch den Grundsatz des rechtlichen Gehörs. Dem Geschädigten ist vom Gesetzgeber die Möglichkeit geschaffen worden, seinen zivilrechtlichen Anspruch im Strafverfahren durchzusetzen. Dann erfordert der Grundsatz des rechtlichen Gehörs aber auch seine ununterbrochene Anwesenheit, insbesondere bei der Beweisaufnahme.[151]

Praktisch auflösen lässt sich dieser Konflikt zwischen dem Grundsatz des Schutzes der Wahrheitsfindung und dem Anspruch auf rechtliches Gehör nicht. Das Gericht sollte den Adhäsionskläger und Zeugen jedoch darauf aufmerksam machen, dass der Beweiswert seiner Zeugenaussage möglicherweise dadurch beeinträchtigt wird, dass er der Hauptverhandlung bereits während der Einlassung des Angeklagten beigewohnt hat. Vor diesem Hintergrund erscheint es aus Sicht des Adhäsionsklägers ratsam, auf sein Anwesenheitsrecht während der Hauptverhandlung zu verzichten, bis er selbst als Zeuge vernommen worden ist. Dieser Verzicht erscheint insbesondere in den Fällen zumutbar, in denen sich der Adhäsionskläger während der Hauptverhandlung durch einen Rechtsanwalt vertreten lässt, der während der Abwesenheit des Adhäsionsklägers im Saal verbleibt.

Der Adhäsionskläger hat zwar ein Teilnahmerecht, aber keine Teilnahmepflicht an der Hauptverhandlung. Dementsprechend kann er sich durch einen Rechtsanwalt oder eine andere geeignete Person vertreten lassen. Bei der Beurteilung der Geeignetheit sind § 157 ZPO (Ungeeignete Vertreter, Prozessagenten) sowie § 138 II StPO entsprechend anzuwenden. Ungeeignete Vertreter kann das Gericht nach diesen Vorschriften zurückweisen.[152]

---

[149] KMR/Stöckel, § 404 Rn 8; Löwe-Rosenberg/Hilger, § 404 Rn 12.
[150] S. dazu auch KMR/Stöckel, § 404 Rn 8.
[151] KMR/Stöckel, § 404 Rn 8; Löwe-Rosenberg/Hilger, § 404 Rn 12.
[152] Löwe-Rosenberg/Hilger, § 404 Rn 13; KMR/Stöckel, § 404 Rn 8.

b) Weitere Rechte während der Hauptverhandlung

Der BGH hat bereits 1956 entschieden, dass das Recht des Adhäsionsklägers auf Teilnahme an der Hauptverhandlung nur dann Sinn macht, wenn dem Adhäsionskläger in der Hauptverhandlung auch weitere Rechte zustehen, um seinen Antrag näher zu begründen, u.a. das Beweisantragsrecht.[153] Es entspricht einhelliger Auffassung, dass dem Adhäsionskläger in der Hauptverhandlung ein Frage- und Beanstandungsrecht gem. §§ 243, 238 II StPO, ein Erklärungsrecht nach § 257 StPO, das Beweisantragsrecht und das Recht zum Schlussvortrag zustehen.[154] All diese Verfahrensrechte folgen aus dem verfassungsrechtlich verankerten Recht auf Gehör des Adhäsionsklägers.

87

Im Hinblick auf das Beweisantragsrecht ist zu berücksichtigen, dass die Ablehnungsgründe des § 244 III bis V StPO erweitert werden dadurch, dass das Gericht zivilprozessual den ursächlichen Zusammenhang zwischen dem konkreten Haftungsgrund und dem daraus entstandenen Schaden sowie die Höhe des Schadens entsprechend § 287 ZPO schätzen darf.[155]

c) Befangenheitsanträge

Ob dem Antragsteller im Adhäsionsverfahren ein Recht zur Ablehnung des Gerichtes wegen Besorgnis der Befangenheit zukommt, war in der Literatur bislang weit überwiegend abgelehnt worden.[156] Durch die Entscheidung des Bundesverfassungsgerichts vom 27. Dezember 2006[157] ist jedoch klargestellt, dass auch dem Adhäsionskläger ein Recht auf Richterablehnung zusteht. Das Bundesverfassungsgericht hat entschieden, dass der Gesetzgeber ein solches Ablehnungsrecht zwar nicht ausdrücklich normiert habe. Dem Gesetzgebungsverfahren lasse sich aber entnehmen, dass der Gesetzgeber mit Blick auf einen die Sach- und Rechtslage einseitig grob verkennenden Vergleichsvorschlag des Gerichtes gem. § 405 I StPO oder Begleitumstände, die Misstrauen gegen die Unparteilichkeit des Richter begründen können, das Stellen eines Befangenheitsantrages auch nicht generell ausschließen wollte. § 404 II StPO, wonach die Antragstellung dieselben Wirkungen wie die Erhebung der Klage im bürgerlichen Rechtsstreit habe, sei als Rechtsfolgenverweisung zu verstehen, die in verfassungskonformer Auslegung so zu interpretieren sei, dass sie sich auch auf die Begründung eines Ablehnungsrechtes eines Adhäsionsklägers erstrecke.

88

d) Problem: „Der unfreiwillig abwesende Adhäsionskläger"

Plüür/Herbst[158] problematisieren die Frage, ob und wie die Verfahrensrechte des Adhäsionsklägers gewahrt werden müssen oder können, der in der Hauptverhandlung unfreiwillig abwesend ist und dem der Strafrichter den geltend gemachten Anspruch

89

---

153 BGH, NJW 1956, 1767.
154 KMR/Stöckel, § 404 Rn 9; SK-StPO/Velten, § 404 Rn 10; Meyer-Goßner, § 404 Rn 9; Löwe-Rosenberg/Hilger, § 404 Rn 14.
155 Meyer-Goßner, § 404 Rn 11.
156 SK-StPO/Velten, § 404 Rn 10; KMR/Stöckel, § 404 Rn 9; Plüür/Herbst, NJ 2005, 153, 155; Meyer-Goßner, § 404 Rn 9. Anderer Ansicht: KK-StPO/Engelhardt, § 404, Rn 12.
157 BVerfG v. 27.12.2006 – 2 BvR 958/06 –.
158 Plüür/Herbst, NJ 2005, 153, 155.

nicht vollständig zusprechen will. Sie werfen die Frage auf, ob die Hauptverhandlung unterbrochen werden muss oder in Abwesenheit des Adhäsionsklägers durchgeführt werden kann und schlagen vor, eine entsprechende Entscheidung nach Abwägung verschiedener Kriterien zu treffen, zu denen gehören:

Worauf beruht die Verhinderung des Adhäsionsklägers?

Welche Bedeutung hat der Adhäsionsantrag für den Adhäsionskläger? (Hoher Streitwert, hohe Kosten bei Klageerhebung vor dem Zivilgericht, Genugtuungsfunktion bei Schmerzensgeld, Verzögerung der Schadenswiedergutmachung bei erneuter Klage vor dem Zivilgericht)

Welche Nachteile erleidet der Angeklagte durch einen neuen Termin? (Untersuchungshaft)

Unter Abwägung dieser Kriterien solle entschieden werden, ob die Anberaumung eines neuen Termins verhältnismäßig oder unverhältnismäßig sei. Liege danach Unverhältnismäßigkeit vor, solle eine Absehensentscheidung nach § 406 I 3 StPO wegen mangelnder Erfolgsaussicht getroffen werden.

Diese Auffassung wird hier geteilt, wobei auch die Möglichkeiten zum Abschluss eines Vergleichs bei Anwesenheit des Adhäsionsklägers in die Überlegungen mit einbezogen werden sollen, s.u. Rn 106 ff.

3. Einstellung des Strafverfahrens

90 Sofern das Strafverfahren in der Hauptverhandlung wegen der Tat im prozessualen Sinne gem. § 264 StPO eingestellt wird, die auch die Grundlage des zivilrechtlich geltend gemachten Anspruchs ist, wird der Adhäsionsantrag unzulässig, weil keine Entscheidung mehr „im Strafverfahren" gem. § 403 StPO getroffen werden kann. Dem entsprechend ist eine Absehensentscheidung nach § 406 I 3 StPO zu treffen.[159] Das Gericht wird jedoch in die Ermessensentscheidung, ob es zu einer Einstellung des Verfahrens kommen soll, auch den Umstand eines anhängigen Adhäsionsverfahrens mit einbeziehen müssen. Dabei sind insbesondere auch die Kostenfolgen einer Einstellung des Strafverfahrens für das Adhäsionsverfahren zu berücksichtigen. Bei der Ermessensentscheidung über die Einstellung des Strafverfahrens ist die Ermessensentscheidung über die Auferlegung der Kosten des Adhäsionsverfahrens zu berücksichtigen.

---

159 Plüür/Herbst, NJ 2005, 153, 154.

V. Aufgaben und taktische Erwägungen des Rechtsanwaltes
1. Zusammenspiel von Nebenklage und Adhäsionsverfahren

In allen geeigneten Fällen sollte es Aufgabe des Rechtsanwaltes sein nicht nur seine prozessualen Rechte zu Gunsten des Mandanten auszuschöpfen, sondern regelmäßig auch seine wirklichen Bedürfnisse festzustellen. Über die ohnehin immer gebotene Sachverhaltsklärung sind neben viktimologischen auch psychologische Überlegungen im Rahmen der Beratung und Festlegung der Verfahrenstaktik zu beachten. Oftmals sind es gerade die Fälle schwerster Gewaltkriminalität, in denen sich das Adhäsionsverfahren zur Vermeidung sekundärer oder tertiärer Viktimisierung geradezu „aufdrängt". 91

Dies sind dann regelmäßig auch die Fälle, in denen parallel die Nebenklage zulässig ist. Diese Konstellation dürfte derzeit bei der Mehrzahl der anhängigen Verfahren vorliegen.

Dabei sollte zu Optimierung der prozessualen Möglichkeiten das anwaltliche Vorgehen auf Basis beider Rechtsinstitute aufeinander abgestimmt werden.

Nach herkömmlichem Verständnis wird dem Nebenkläger im Verfahren Gelegenheit gegeben, seine persönlichen Interessen auf Genugtuung zu verfolgen[160], durch aktive Beteiligung das Verfahrensergebnis zu beeinflussen und sich gegen die Leugnung und Verharmlosung seiner Verletzungen zu wehren.[161] Der Nebenkläger kann als Verfahrensbeteiligter dazu beitragen, dass der Strafprozess nicht unbemerkt eine täterfreundliche Tendenz annimmt.[162] 92

Hervorzuheben sind die Möglichkeiten, die Beweisaufnahme durch Beweisanträge und durch Frage- und Ablehnungsrechte zu beeinflussen.

Allerdings sollte es nicht unbedingt Interesse der Nebenklage sein, darauf zu dringen, dass der Täter eine möglichst hohe Strafe bekommt. Das ist nicht die Aufgabe des „Opferschutzinstruments" der Nebenklage. Außerdem gibt es auch keinen Anspruch des Nebenklägers, dass das Gericht die Sicht des Verletzten übernimmt. Der Rechtsanwalt ist gut beraten, dies seinem Mandanten im Vorfeld deutlich klar zu machen. 93

Allerdings muss das Gericht die Sichtweise der Verletzten berücksichtigen. Darauf sollte die Nebenklagevertretung abzielen und die bestehenden Rechte auch in diese Richtung wahrnehmen. Eine Straftat, bei der ein Mensch zum Opfer wird, ist rechtlich betrachtet nicht primär die Verletzung eines Menschen, sondern die eines Gesetzes. Nur über Letzteres wird vor dem Strafgericht verhandelt. Um den angeklagten strafrechtlichen Vorwurf herum rankt, auch trotz der Nebenklagemöglichkeiten, nach wie vor das Prozessrecht. Auch diese Erkenntnis sollte dem Mandanten erklärt werden. Die meisten Opfer verstehen das nicht. Es wurden doch ihr Körper, ihre Ehre und ihre Seele verletzt. Dies führt oftmals zu erheblichen Akzeptanzproblemen des Gerichtsverfahrens.

---

160 BGHSt 28, 272.
161 Altenhain, JZ 2001, 796.
162 Haupt/Weber, Rn 273.

94 Oftmals werden die Folgen der Tat nur am Rand des gegen den Angeklagten gerichteten Strafverfahrens abgehandelt. Das Rechtsinstitut der Nebenklage stellt allein durch seine Existenz nicht sicher, dass im Strafverfahren das persönliche Leid der Verletzten Verfahrensgegenstand wird. Erst durch die Vernehmung des Opferzeugen im Rahmen der Beweisaufnahme rückt die persönliche Beeinträchtigung der Persönlichkeitsrechte des Opfers etwas mehr in den Fokus der richterlichen Aufmerksamkeit. Dafür ist allerdings Voraussetzung, dass der Nebenklägervertreter durch entsprechende Beweisanträge darauf hinwirkt und im Laufe der Verhandlung sicherstellt, dass das Gericht dem Opferzeugen auch entsprechenden zeitlichen Raum für seine persönliche Schilderung von der Tat und den Tatfolgen einräumt.

95 Prozessual abgesichert werden die Folgen der Tat allerdings im Rahmen des Adhäsionsverfahrens. Dort werden sie Prozess- und Verhandlungsstoff. Durch den Adhäsionsantrag werden die Verfahrenbeteiligten „gezwungen", sich mit den Folgen der Tat auseinanderzusetzen. Nur auf diesem Weg gelingt es, dass der verletzte Mensch in das juristische Blickfeld rückt.[163] Dieses Anliegen entspricht den legitimen Opferinteressen.[164]

Allerdings ist zur Vermeidung möglicher Enttäuschungen und Missverständnisse der Mandant im Vorfeld darauf hinzuweisen, dass bereits eine Zahlungsbereitschaft des Angeklagten und selbst auch gescheiterte Vergleichsverhandlungen bei der Bemessung der Strafe als mildernder Umstand berücksichtigt werden können.

Es ist weitere Aufgabe des Rechtsanwaltes, die anderen Verfahrensbeteiligten zu überzeugen, dass das Adhäsionsverfahren einfach und vorteilhaft ist. Es ist deutlich zu machen, dass die Verletzten ihre ihnen nach dem Gesetz zustehenden Rechte wahrnehmen. Erfahrene Opferanwälte stellen immer wieder fest, dass es den meisten Verletzten nicht um Geld, sondern um die Anerkennung des Leids geht.

Daher geht es bei der Beauftragung des Rechtsanwaltes in den meisten Fällen zunächst nicht um die Geltendmachung von Schmerzensgeld. Diese Möglichkeit wird oft erst durch die anwaltliche Beratung in Betracht gezogen. Dabei ist zu bedenken, dass die meisten Leiden durch Geld ohnehin nicht gut zu machen sind. Materieller Ausgleich kann immateriellen Schaden allenfalls punktuell ausgleichen.

2. Verfahrenstaktische Überlegungen des Rechtsanwaltes
a) Verfahrensangepasste Anträge und Schriftsätze

96 Um optimale Ergebnisse zu erzielen, ist es unabdingbar, dass im Rahmen des Adhäsionsantrages denkbare Hürden durch präzise ausformulierte Schriftsätze genommen werden.

Gerade bei Richtern, die seit vielen Jahren ausschließlich mit Strafsachen befasst sind, kann es zu „Berührungsängsten" kommen. Es liegt daher nahe, einen Antrag im Adhäsionsverfahren nicht mit der in Zivilsachen meist üblichen Antragsform („… zu verurteilen, an den … zu zahlen") zu stellen, sondern vielmehr dem erkennenden Ge-

---

163 Weiner, dnp 6, 8.
164 Vgl. Hassemer/Reemtsma, S. 130 ff, 146 ff.

richt den „zivilrechtlichen Tenorteil" vorzuformulieren.[165] Im Nachfolgenden finden sich am Ende dieses Kapitels entsprechende Muster.

Daneben sollten in der Begründetheit des Antragsschriftsatzes Ausführungen zu den vielfältigen Beendigungs- oder Entscheidungsmöglichkeiten nicht fehlen. Auch dazu finden sich am Ende dieses Kapitels Musterformulierungen.

Das „kreative Potential" des Adhäsionsverfahrens kann so besser ausgenutzt werden. Zu berücksichtigen ist auch, dass die Vorschriften der §§ 403 ff StPO bei den Gerichten bislang allenfalls am Rande bekannt sind.

b) Der Beweislage angepasste Vorgehensweise

Soweit das Kostenrisiko bereits vor der Hauptverhandlung überschaubar ist oder wenn Prozesskostenhilfe beantragt werden kann, bietet sich eine schriftliche Antragstellung vor der Hauptverhandlung vor allem dann an, wenn allgemeine Schadensersatzanprüche geltend gemacht werden sollen.[166] Nur dann ist gegen einen von der Entscheidung absehenden Beschluss die Beschwerde nach § 406 a I StPO zulässig. Im Übrigen empfiehlt sich diese Vorgehensweise auch bei anderen vermögensrechtlichen Ansprüchen.

97

Sofern die Sach- und/oder Beweislage schwierig oder unübersichtlich ist, empfiehlt es sich zunächst noch keinen formalen Antrag mit der Folge der Rechtshängigkeit zu stellen. Dies vermeidet eine negative Kostenfolge im Außenverhältnis zwischen Verletztem und Angeklagtem.

Dieses taktische Zuwarten kommt auch in den Fällen in Betracht, in denen zunächst die Reaktion der Verfahrensbeteiligten und vor allem aber des Gerichts beobachtet werden soll. Dies ist möglicherweise dann angezeigt, wenn dem Rechtsanwalt der Richter und dessen Umgang mit einem Adhäsionsverfahren nicht bekannt ist.

Bei einer derartigen, der Beweislage und den tatsächlichen Umständen angepassten Vorgehensweise ist daran zu denken, dass Zinsansprüche erst ab Rechtshängigkeit begründet sind und dass bei einem Antrag, der erst in der Hauptverhandlung gestellt wird, im Falle der Absehensentscheidung keine Rechtsmittelmöglichkeit besteht. Das Risiko einer Absehensentscheidung kann allerdings dadurch minimiert werden, dass der Antrag zwar noch nicht formal gestellt, aber den Verfahrensbeteiligten die Absicht, einen Antrag stellen zu wollen, angekündigt und eine entsprechende Antragschrift überreicht wird.

c) Kooperation statt Konfrontation

Um die Verfahrensbeteiligten davon zu überzeugen, wie vorteilhaft das Verfahren für alle Prozessbeteiligten sein kann, ist es im Einzelfall empfehlenswert, das Gespräch mit dem Verteidiger, dem Gericht, aber auch mit dem Vertreter der Staatsanwaltschaft zu suchen. Der richtige Zeitpunkt dafür muss sich allerdings aus den Umständen ergeben.

98

---

165 So auch Krumm, SVR 2007, 41 f.
166 Widmaier/Kauder, MAH Strafverteidigung, § 53 Rn 68.

Im Verfahren selbst sollte offensiv die Sachlage erörtert werden. Dies kann auch in Form eines Rechtsgesprächs erfolgen. Kooperatives Vorgehen anstelle von Konfrontation ist im wohlverstandenen Sinne des Mandanten empfehlenswert. Dies gilt insbesondere dann, wenn Vergleichsbereitschaft besteht. Ist eine solche Verfahrensweise für den Mandanten günstig, sollten die damit verbundenen Möglichkeiten genutzt werden. Beispielsweise können nicht rechtshängige oder bereits verjährte Ansprüche mit einbezogen werden.

Des Weiteren können sowohl Verteidigung als auch der Prozessbevollmächtigte des Adhäsionsantragstellers das Gericht nach § 405 I 2 StPO um einen Vergleichsvorschlag bitten. Der Antragsteller sollte vorsorglich darauf achten, dass dieser Antrag sowohl von ihm als auch von der Verteidigung gestellt wird. Möglichen Befangenheitsanträgen der Verteidigung kann somit von vornherein der Boden entzogen werden. Der weitere Vorteil liegt darin, dass im Falle des Scheiterns der Vergleichsverhandlungen, der Antragsteller einen Eindruck gewinnen kann, zu welcher Entscheidung das Gericht tendiert.

99 Dies lässt sich aber nur realisieren, wenn auch die Verteidigung dazu bereit ist. Diese Bereitschaft besteht möglicherweise von vornherein, oftmals ergibt sie sich aber erst im Verfahren. Das kann von der Beweislage abhängen. Mancher zunächst abweisender Verteidiger erfuhr von den kreativen Möglichkeiten des Verfahrens erst durch das Verfahren. Das Gericht stellt die Anträge den Verfahrensbeteiligten zu, gelegentlich werden sie auch parallel verlesen und so erfährt der Verteidiger unmittelbar von der Verfahrensart. Dies kann im Einzelfall einigen Gestaltungsspielraum eröffnen, und damit für seinen Mandanten günstige Momente, vor allem für die Strafzumessung, zu schaffen.

Es ist immer wieder hilfreich und angezeigt, im gebotenen Einzelfall das Gespräch mit dem Gericht, der Staatsanwaltschaft und der Verteidigung zu suchen. Die Erfahrung lehrt, dass kooperatives Vorgehen oftmals nicht nur zum Nutzen aller ist, sondern auch dem Rechtsfrieden dient. Daher sollte der Antragsteller im Adhäsionsverfahren immer beantragen, dass auch der Staatsanwaltschaft eine Antragsschrift zugeleitet wird. Nur so ist der Sitzungsvertreter der Staatsanwaltschaft überhaupt in der Lage, sich sachdienlich zu beteiligen.

d) Vermeidung von Kostenrisiken

100 Auf die Kostenrisiken des Adhäsionsverfahrens wurde bereits hingewiesen und die Möglichkeiten der Risikoreduzierung wurden in Rn 25 vorgestellt.

Es ist daher anzuraten, auch unter dem Blickwinkel der Minimierung von Risiken das Gespräch mit der Verteidigung zu suchen. Beim Verteidiger sollte darauf hingearbeitet werden, dass dieser einen Antrag auf Bewilligung von Prozesskostenhilfe für seinen Mandanten stellt. Diese Vorgehensweise empfiehlt sich uneingeschränkt in den Fällen, in denen dem Verletzten PKH bewilligt wurde. Bekanntlich sind die PKH-Gebühren ab einem Gegenstandswert von 3000 € „gedeckelt".

e) Optimierung der Nebenklage

Die Möglichkeiten, die die Nebenklage bietet, sollten ebenfalls bedacht werden. Im Rahmen dessen ist zu erwägen, flankierende Maßnahmen zur Förderung der Zahlungsbereitschaft des Angeklagten im Plädoyer der Nebenklage zu beantragen. Möglich sind Auflagen im Rahmen der Bewährung, bei einer Verfahrensweise nach § 153 a StPO oder einer Verwarnung mit Strafvorbehalt. Es können auch bestimmte monatliche Raten festgesetzt werden.

f) Einstellung des Verfahrens

Sofern sich erste Hinweise dafür ergeben, dass das Gericht geneigt ist, das Strafverfahren einzustellen, besteht für den Adhäsionsantragsteller die Gefahr, dass sein Antrag ins Leere läuft.

Der Rechtsanwalt des Antragstellers sollte umgehend überlegen und ggf unverzüglich den Versuch unternehmen, das Adhäsionsverfahren vor der Einstellung durch einen Vergleich nach § 405 StPO abzuschließen. Ansonsten würde sein gestellter Antrag ins Leere laufen. Außerdem kann nur dadurch eine negative Kostenentscheidung des Gerichts zu Lasten des Antragstellers vermieden werden.

3. Beispiele und Muster

Grundfall Adhäsionsverfahren

Die Verletzte ist Opfer einer Sexualstraftat. Sie tritt im Strafverfahren als Nebenklägerin auf und stellt im Rahmen dessen einen Adhäsionsantrag auf Zahlung von Schmerzensgeld. Der Antrag wird vor Beginn der Hauptverhandlung eingereicht.

Muster:

An das

Amtsgericht/Landgericht

Adhäsionsantrag

In der Strafsache

gegen

wegen versuchter Vergewaltigung

Az.

stelle ich im Namen und mit Vollmacht der Verletzten (Name; ggf Anschrift) folgende Adhäsionsanträge:

1. Der Angeklagte wird verurteilt, an die Antragstellerin ... ein angemessenes Schmerzensgeld nicht unter 7.500 € nebst Zinsen in Höhe von 5 Prozentpunkten über dem Basiszinssatz seit Rechtshängigkeit zu zahlen.

2. Der Angeklagte trägt die Kosten des Adhäsionsverfahrens und die notwendigen Auslagen der Antragstellerin

3. Die Entscheidung ist vorläufig vollstreckbar.

Vorläufiger Gegenstandswert: 7.500 €

B. Das Adhäsionsverfahren in der strafrichterlichen und anwaltlichen Praxis

Begründung:

I. Sachverhalt

Der Angeklagte wurde am 5.12.2006 in Meppen auf die damals achtzehnjährige Antragstellerin aufmerksam. Er ging von hinten auf sie zu, legte einen Arm um ihren Hals; die Hand des anderen Arms legte er auf ihren Mund, um zu verhindern, dass sie schrie. Im weiteren Verlauf fasste er sie an den Busen. Obwohl die Antragstellerin laut um Hilfe schrie, zerrte der Angeklagte sie hin und her und versuchte sie in einen Busch zu zerren. Dabei hatte er die Absicht, sie zu vergewaltigen. Im weiteren Verlauf gelang es der Antragstellerin infolge ihrer Gegenwehr sich zu befreien und zu fliehen.

Beweis: 1. Beiziehung der Akte des Strafverfahrens...

2. Zeugnis der Antragstellerin

II. Ausführungen in rechtlicher Hinsicht.

Damit ist der Angeklagte zur Zahlung von Schmerzensgeld verpflichtet, §§ 823 I, 823 II, 253 II BGB. Der Angeklagte hat das Recht der Antragstellerin auf Freiheit und Freiheit der sexuellen Selbstbestimmung verletzt.

Die Höhe des Schmerzensgeldes wird in das Ermessen des Gerichts gestellt. Die vorsätzliche Begehung, das rücksichtlose und brutale Vorgehen gegen die arglose Antragstellerin rechtfertigen ein Schmerzensgeld, das der Höhe nach nicht unter 7.500 € liegen sollte. Die genaue Höhe wird ausdrücklich in das Ermessen des Gerichts gestellt, sollte aber über diesem Betrag liegen. In einem teilweise vergleichbaren Fall wurden 7.000 € zugesprochen (vgl LG Osnabrück ...).

Die Anträge sind zulässig und begründet.

Eine anderweitige Rechtshängigkeit gem. § 403 I StPO liegt nicht vor. Ein zivilrechtliches Verfahren ist bis zum heutigen Tage nicht eingeleitet worden. Das Adhäsionsverfahren ist aus Kostengründen, im Interesse der Beschleunigung und zur endgültigen Beendigung der Angelegenheit geboten. Der Verfahrensgegenstand ist geeignet, im Strafverfahren erledigt zu werden. Es sind keine Beweismittel erforderlich, die nicht schon im Strafverfahren zur Verfügung stehen. Diese reichen aus, um über den Schmerzensgeldanspruch zu entscheiden, ohne dass es weiterer Beweismittel bedarf. Damit ist der Schmerzensgeldanspruch auch begründet, so dass über den zulässigen Antrag gem. § 406 I 6 StPO zwingend zu entscheiden ist.

Im Übrigen ist die Erledigung der Ansprüche im Adhäsionsverfahren insbesondere unter Opferschutzgesichtspunkten erforderlich. Der Antragstellerin wird eine weitere Beschäftigung mit der Tat und dem Täter erspart. Weitere Aussagen wären nicht erforderlich. Bereits das jetzt anhängige Verfahren belastet sie sehr. Sie ist psychisch sehr angespannt und schläft schlecht. Durch die Zuerkennung eines Schmerzensgeldes im Adhäsionsverfahren kann eine zielgerichtete Klage mit erneuter Beweisaufnahme vermieden und der Rechtsstreit endgültig beendet werden.

Auf die Möglichkeit eines Anerkenntnisses nach § 406 II StPO, die eines gerichtlichen Vergleichs nach § 405 StPO sowie auf die Entscheidung durch Grund- oder Teilurteil gem. § 406 I StPO wird hingewiesen. Allerdings ist über einen Schmerzensgeldanspruch zwingend zu entscheiden. Dies ergibt sich aus § 406 I 6 iVm 3 StPO.

Der Anspruch auf Schmerzensgeldzahlung folgt aus § 253 II BGB.

Die Zinsforderung ergibt sich aus § 291 BGB. Die Zinsen können wegen § 404 II StPO bereits ab Antragseingang verlangt werden.

Die prozessualen Nebenentscheidungen im Rahmen des Adhäsionsverfahrens ergeben sich hinsichtlich der Kosten aus § 472 a StPO und hinsichtlich der Vollstreckbarkeit aus § 406 b StPO iVm § 709 ZPO.

Ich bitte um Zustellung der Adhäsionsantragsschrift an den Angeklagten und Antragsgegner und informatorische Übermittlung an die Staatsanwaltschaft.

Sollten sich im Verlauf des Verfahrens Zweifel an der Zulässigkeit oder Begründetheit des Adhäsionsantrages ergeben, so wird das Gericht bereits heute um einen richterlichen Hinweis entsprechend § 139 ZPO gebeten.

Rechtsanwalt

Abwandlung: Grundfall, Verletzte erlitt Dauerfolgen, mehrere Täter 104

Die Tat wurde vollendet. Es waren mehrere Täter beteiligt, auch diese sind angeklagt. Die Verletzte leidet noch erheblich an den Folgen der Tat, Zukunftsschäden sind zu erwarten. Es sind Sachschäden entstanden. Die Beweislage ist schwirig. Es ist angezeigt, zunächst die Beweisaufnahme zu abzuwarten.

Muster:

An das

Landgericht

Adhäsionsantrag

In der Strafsache

gegen

1.

2.

3.

wegen Vergewaltigung

Az.

überreiche ich zunächst zur Information des Gerichts und der Verfahrensbeteiligten die Antragsschrift und teile mit, dass ich beabsichtige, im Rahmen der mündlichen Verhandlung namens und mit Vollmacht der Verletzten und Nebenklägerin ... folgende Adhäsionsanträge zu stellen:

1. Die Angeklagten werden als Gesamtschuldner verurteilt, an die Antragstellerin (Name; ggf Anschrift) ein in das Ermessen des Gerichts gestelltes Schmerzensgeld nebst Zinsen in Höhe von 5 Prozentpunkten über dem Basiszinssatz seit Rechtshängigkeit zu zahlen.

2. Die Angeklagten werden als Gesamtschuldner verurteilt, an die Antragstellerin einen Betrag in Höhe von 7.000 € nebst Zinsen in Höhe von 5 Prozentpunkten über dem Basiszinssatz seit Rechtshängigkeit zu zahlen.

3. Es wird festgestellt, dass die Angeklagten als Gesamtschuldner verpflichtet sind, der Antragstellerin sämtliche materiellen und immateriellen Schäden aus dem Vorfall vom .... zu zahlen, soweit die Ansprüche nicht auf Sozialversicherungsträger oder sonstige Dritte übergegangen sind.

4. Die Angeklagten tragen als Gesamtschuldner die Kosten des Adhäsionsverfahren und der notwendigen Auslagen der Antragstellerin.

5. Die Entscheidung ist vorläufig vollstreckbar.

Begründung:

I. Sachverhalt

Vgl. oben, Sachverhaltsschilderung mit Angaben zu den Sachschäden, Bemessungskriterien des Schmerzensgeldes, Folgen der Tat; ggf ausführlich schildern vorsorglich jeweils Beweis antreten.

II. Ausführungen in rechtlicher Hinsicht

Vgl. oben; am Ende des Textes wäre dann wie folgt auszuführen:

Es wird zunächst lediglich darum gebeten, diese Antragsschrift dem Angeklagten und der Staatsanwaltschaft zuzuleiten. Im Laufe des Verfahrens wird entschieden, ob und wenn ja, wann der Antrag formal gestellt wird. Dies ist bis zum Beginn der Schlussvorträge zulässig, § 404 I 2StPO. Bis zu diesem Zeitpunkt erfolgen auch Angaben, welche Höhe des Schmerzensgeldes seitens der Antragstellerin in Betracht gezogen wird.

Sollten sich im Verlauf des Verfahrens Zweifel an der Zulässigkeit oder Begründetheit des Adhäsionsantrages ergeben, so wird das Gericht bereits heute um einen richterlichen Hinweis entsprechend § 139 ZPO gebeten.

Rechtsanwalt

105 **Abwandlung: Die Verletzte stellt einen Antrag auf Prozesskostenhilfe**

Die Verletzte hat Anspruch auf Bewilligung von Prozesskostenhilfe. Zur weitgehenden Vermeidung einer negativen Kostenfolge wird der Antrag unter dem Vorbehalt der PKH – Bewilligung gestellt. Der Antrag wird vor der Hauptverhandlung gestellt.

Obige Muster könnten wie folgt ergänzt werden:

Muster:

Vgl. oben; soweit erforderlich wie folgt ausführen:

Adhäsions- und Prozesskostenhilfeantrag

2. Der Antragstellerin wird für das Adhäsionsverfahren Prozesskostenhilfe unter Beiordnung des Unterzeichners als Prozessbevollmächtigter bewilligt.

...

Begründung:

...

Vgl. oben die bereits vorgestellten Muster

Zum Antrag zu 2.) ist vorzutragen, dass die Antragstellerin ohne anwaltlichen Beistand nicht in der Lage ist, ihre Interessen im Adhäsionsverfahren ausreichend wahrzunehmen. Dies ergibt sich allein schon aus der Natur der Sache des anhängigen Verfahrens und bedarf insoweit keiner näheren Erörterung.

Darüber hinaus ergeben sich für Antragstellerin möglicherweise wichtige materiell- und prozessrechtliche Fragen, zu denen sie sich ohne anwaltlichen Beistand nicht selbst äußern kann.

Schließlich ist auch zu berücksichtigen, dass es der Antragstellerin nicht zumutbar ist, ihre Interessen mit dem nötigen persönlichen Einsatz ohne anwaltlichen Beistand zu vertreten, weil sie als unmittelbares Opfer der angeklagten Straftat nach wie vor erheblich unter den Folgen der Tat leidet.

Die Antragstellerin ist nach ihren persönlichen und wirtschaftlichen Verhältnissen nicht in der Lage, die Kosten des Adhäsionsverfahrens auch nur teilweise aufzubringen. Zum Beweis ihres wirtschaftlichen Unvermögens wird auf die anliegende Erklärung über ihre persönlichen und wirtschaftlichen Verhältnisse nebst der entsprechenden Belege verwiesen.

Ich bitte zunächst um Bewilligung der Prozesskostenhilfe und dann im Anschluss um Zustellung der Adhäsionsantragsschrift an den Angeklagten sowie um Übermittlung an die Staatsanwaltschaft.

Rechtsanwalt

VI. Der Vergleich im Adhäsionsverfahren

106 Bis zum Inkrafttreten des Gesetzes zur Verbesserung der Rechte von Verletzten im Strafverfahren (Opferrechtsreformgesetz-OpferRRG) war die Frage, ob im Adhäsionsverfahren ein gerichtlicher Vergleich wirksam geschlossen werden kann, höchst umstritten.[167] Durch dessen ausdrückliche Normierung in § 405 StPO hat sich dieser Streit nunmehr erledigt.

Bereits dem Gesetzeswortlaut lässt sich mit der Formulierung „nimmt das Gericht einen Vergleich …. in das Protokoll auf" entnehmen, dass diese Regelung nur innerhalb der Hauptverhandlung Anwendung finden soll.[168] Belegt wird dies zudem durch den Verlauf innerhalb des Gesetzgebungsverfahrens, wonach ursprünglich auch ein außerhalb der Hauptverhandlung zu schließender Vergleich gesetzlich normiert werden sollte,[169] dies jedoch von der endgültigen Fassung des Gesetzes wieder ausgenommen worden ist.[170]

Das bedeutet allerdings nicht, dass ein außergerichtlicher Vergleich gar nicht möglich ist. Dieser soll aber nur zwischen den Parteien ohne Beteiligung des Gerichts abgeschlossen werden, um mögliche Befangenheitsanträge entgegen zu wirken.

107 Die Personen, die den Vergleich abschließen können, sind ausweislich § 405 I 1 StPO identisch mit den Parteien im Adhäsionsverfahren nach § 403 StPO.

Der gerichtliche Vergleich kann für die Verfahrensbeteiligten zahlreiche Vorteile haben. So erhält der Adhäsionskläger zeitnah einen vollstreckbaren Titel, unabhängig davon, ob der Angeklagte verurteilt wird oder nicht.[171] Der Angeklagte kann demgegenüber einen Vergleich zur Schadenswiedergutmachung als Strafmilderungsgrund geltend machen (§ 46 II 6. Alt. StGB). Ferner besteht für ihn die Möglichkeit, durch einen gerichtlichen Vergleich über die von ihm verschuldeten Schadenspositionen eine Einstellung des Verfahrens nach § 153a StPO oder auch ein Absehen von Strafe nach § 46a StGB zu erreichen. Wie für den Adhäsionskläger[172] ist der Vergleich auch für den Angeklagten die kostengünstigste Möglichkeit, dem Adhäsionskläger einen Titel zu verschaffen. Er kann zudem bei der Frage der Schadenshöhe, den Nebenforderungen oder einer Ratenzahlung ein Entgegenkommen erreichen und dennoch von der strafmildernden Folge des Bemühens um Schadenswiedergutmachung profitieren.

108 Ein Vergleich im Adhäsionsverfahren kommt allerdings nur bei Teilnahme des Adhäsionsklägers bzw seines Prozessbevollmächtigten an der Hauptverhandlung in Betracht.[173] Dies sollte bei erkennbarer Vergleichsbereitschaft beider Seiten bei der Entscheidung über einen Terminsverlegungsantrag des Adhäsionsklägers (s.o. Rn 81) mitberücksichtigt werden. Hier muss das Gericht, gerade wenn ansonsten eine Absehensentscheidung zu treffen wäre (s.o. Rn 143 f), den durch das Opferrechtsreform-

---

167 Zum Meinungsstand nach altem Recht vgl zB SK-StPO/Velten, § 404 Rn 14.
168 Ferber, Das Opferrechtsreformgesetz, NJW 2004, 2562f (2564); s. auch BR-Drucks. 197/04 mit der Anrufung des Vermittlungsausschusses.
169 BT-Drucks. 15/1976, S. 15.
170 BR-Drucks. 197/04.
171 BT-Drucks. 15/1976, S. 15.
172 Vgl. LG Hildesheim, Nds.Rpfl. 2007, 187, 189.
173 Vgl. auch Prechtl, Das Adhäsionsverfahren, ZAP Fach 22, 399f.

gesetz zum Ausdruck gekommenen Opferschutzaspekten Rechnung tragen. Es darf dann wohl nur in begründeten Einzelfällen, wie etwa in Haftsachen, den Terminsverlegungsantrag ablehnen.

Der Vergleich nach § 405 StPO beendet die Rechtshängigkeit der Adhäsionsklage.[174] Das Gericht braucht sich dementsprechend im Urteil nicht mehr mit dem Adhäsionsantrag selbst oder seinen Kostenfolgen auseinanderzusetzen. Dies gilt allerdings nur soweit der Rechtsstreit durch den Vergleich erledigt ist, also nicht bei Teilvergleichen oder Vergleichen, die bei mehreren Angeklagten und Adhäsionsbeklagten nur mit einem Teil von ihnen abgeschlossen wurde.

Da der Vergleich unabhängig von dem Ausgang des Strafprozesses geschlossen werden kann, ist es wichtig, den Parteien für diesen Fall zu verdeutlichen, dass er keine indizielle Wirkung für die Beweiswürdigung im Strafverfahren hat; es sei denn, der Angeklagte räumt im Vergleich ausdrücklich ein gewisses Maß an Verschulden ein. Es kann durchaus Fälle geben, in denen es für einen Angeklagten, der einen Freispruch anstrebt, dennoch angezeigt sein kann, einen Vergleich im Adhäsionsverfahren abzuschließen. Dies gilt insbesondere für die Fälle, in denen sich der Angeklagte auf einen Rechtfertigungs- oder Exkulpationsgrund berufen will. Im Strafverfahren gilt der Zweifelsgrundsatz, im Adhäsionsverfahren muss der Angeklagte demgegenüber das Vorliegen von schuldausschließenden Gründen positiv beweisen.[175] Sind dabei die Erfolgsaussichten gering, so kann es für ihn angezeigt sein, einen Vergleich mit dem Geschädigten abzuschließen.

1. Der gerichtliche Vergleichsvorschlag

Es bleibt den Prozessbeteiligten unbenommen, vor oder auch während der Hauptverhandlung einen Vergleich abzuschließen, ohne das Gericht einzubeziehen. Sie können auch den untereinander geschlossenen Vergleich gerichtlich protokollieren lassen. Das Gericht kann auch aktiv in die Vergleichsverhandlungen mit einbezogen werden. Dies hat insbesondere für den Angeklagten den Vorteil, dass er so in Erfahrung bringen kann, unter welchen Konditionen das Gericht es für vertretbar hält, einen Vergleich strafmildernd zu berücksichtigen. Allerdings darf auch hier nicht aus den Augen verloren werden, dass das Gericht nach wie vor nur eine Tendenz andeuten darf, um sich nicht der Gefahr eines Befangenheitsantrages auszusetzen. Es darf keinesfalls einen unsachlichen Druck auf den Angeklagten zum Abschluss eines Vergleichs ausüben.[176]

109

Das höchste Maß der Einbeziehung des erkennenden Gerichts in das Vergleichsverfahren sieht § 405 I 2 StPO vor. Auf übereinstimmenden Antrag der am Adhäsionsverfahren beteiligten Personen soll das Gericht selbst einen Vergleichsvorschlag unterbreiten. Ob diese Vorschrift ein Schattendasein fristen wird,[177] bleibt abzuwarten. Vorstellbar ist eine solche Vorgehensweise insbesondere bei Naturalparteien und Vermögensdelikten. Die vom Gesetzesentwurf als geringfügig eingestufte Gefahr des

110

---

174 Plüür/Herbst, Das Adhäsionsverfahren im Strafprozess, NJ 2005, 153 (156).
175 Vgl. LG Berlin, NZV 2006, 389f.
176 BHGSt 37, 263 (264).
177 So Plüür/Herbst, www.kammergericht.de, S. 22.

Befangenheitsantrages nach einem solchen Vergleichsvorschlag[178] darf allerdings nicht unterschätzt werden.[179] Zwar gilt auch hier, dass prozessual zulässiges Verhalten in der Regel keinen Befangenheitsgrund darstellen kann (§ 24 StPO). Jedoch ist ein solcher Grund auch bei einem gerichtlichen Vergleichsvorschlag auf den Antrag der Verfahrensbeteiligten hin nicht grundsätzlich ausgeschlossen,[180] da im Einzelfall grob unrichtige Wertungen oder unsachgemäße Begründungen des Vergleichsvorschlages durchaus die Besorgnis der Befangenheit begründen können.

111 Sowohl der Verteidiger als auch der Bevollmächtigte des Adhäsionsklägers werden mit ihren Mandanten die Folgen eines solchen Antrags genau zu erörtern haben. Insbesondere für das Opfer kann er psychologisch ein zu frühes Nachgeben und die Abgabe der Kontrolle über seine Ansprüche bedeuten. Andererseits erspart es sich mit einem Vergleich langwierige Verhandlungen, in denen nicht mehr die Tat sondern die psychische Befindlichkeit des Opfers im Vordergrund stehen. Die Folgen traumatisierenden Verhaltens sind sehr unterschiedlich[181] und die Klärung der Kausalität zur angeklagten Tat kann oft nur durch Sachverständigengutachten geklärt werden.

Der zu Protokoll gegebene schriftlich Antrag nach § 405 I 2 StPO kann zB lauten:

Muster:

Rechtsanwalt R.

Rechtsanwalt O.

In der Strafsache gegen ...

wegen ...

beantragen die Adhäsionsklägerin O.

vertreten durch ...

und der Angeklagte T.

vertreten durch ...

übereinstimmend die Unterbreitung eines gerichtliches Vergleichsvorschlages zur Abgeltung aller aus dem Verfahren erwachsenen Ansprüche der O. gegen T..

Es bietet sich an, diesen Antrag nicht nur von dem Prozessbevollmächtigten sondern auch von dem Angeklagten und dem Adhäsionskläger unterzeichnen zu lassen. Der Verteidiger kann dabei ggf noch darauf bestehen, dass ausdrücklich festgehalten wird, dass diesem Antrag keine Bindungswirkung im Hinblick auf das Strafverfahren zukommen soll.

Der Vergleichsvorschlag des Gerichts ist als Entscheidung innerhalb der Hauptverhandlung beim Schöffengericht oder beim Landgericht mit den Schöffen zu beraten und abzustimmen (§§ 30, 77 I, 76 I 2 GVG).

---

178 BT-Drucks. 15/1976 S. 15.
179 Vgl. Neuhaus, Das Opferrechtsreformgesetz 2004, StV 2004, 620 (626); Hilger, Über das Opferrechtsreformgesetz, GA 2004, 478 (485).
180 Pfeiffer, § 405 Rn 2 a.E.
181 S. zB Stang/Sachsse, Trauma und Justiz, Schattauer 2007, S. 71ff.

112 Das Gericht hat („soll") den Antrag der Parteien auf Unterbreitung eines Vergleichsvorschlages aufnehmen. Es besteht also nur ein geringer Ermessensspielraum, innerhalb dessen der Antrag abgelehnt werden kann. Da § 405 I 2 StPO ausdrücklich von einem Antrag spricht, ist dieser zu Protokoll zu nehmen, wenn er während der mündlichen Verhandlung gestellt wird. Dabei müssen die Voraussetzungen des § 405 I 2 StPO, insbesondere das Vorliegen eines übereinstimmenden Antrages der nach § 405 I 1 StPO Beteiligten, dem Protokoll klar zu entnehmen sein. Wenn der Antrag nicht schriftlich eingereicht und von beiden Seiten unterzeichnet ist, empfiehlt sich die folgende Vorgehensweise:

- Diktat des von einem der Beteiligten formulierten Antrages durch den Vorsitzenden
- Verlesen des Antrages durch den Protokollführer
- Genehmigung des Antrages durch alle am Vergleich Beteiligten
- Aufnahme aller Genehmigungserklärungen im Protokoll

113 Die Ablehnung des Antrages muss im Beschlussweg erfolgen. Bei den Ablehnungsgründen kann nicht auf die Begründung nach § 406 StPO zurück gegriffen werden, weil ein Vergleich in Fällen, in denen zum Beispiel eine umfangreiche Beweisaufnahme zur Schadenshöhe den Antrag ungeeignet machen würde, dennoch möglich und sachgerecht sein kann. Ein vorstellbarer Ablehnungsgrund ist ein Antrag in einem zu frühen Verfahrensstadium,[182] da der Vergleichsvorschlag vor Durchführung der Beweisaufnahme kaum so begründet werden kann, dass er bei einem Scheitern des Vergleichs nicht zu Befangenheitsanträgen führen kann.[183]

Muster:

Beschluss

In der Strafsache …

wegen …

wird der übereinstimmende Antrag der Verletzten O. und des Angeklagten auf Unterbreitung eines gerichtlichen Vergleichsvorschlages nach § 405 I 2 StPO abgelehnt.

Gründe:

Das Gericht kann in diesem Verfahrensstadium, in dem die Straftat im Sinne des § 264 StGB und damit der Vergleichsgegenstand noch nicht ausreichend bestimmbar ist, keinen Vergleichsvorschlag unterbreiten, der die berechtigten Interessen aller an dem Adhäsionsverfahren Beteiligten in ausreichendem Maße berücksichtigt.

Da der Antrag nach § 405 I 2 StPO erst nach Beginn der Hauptverhandlung gestellt werden kann, ist der Beschluss gem. § 305 StPO nicht anfechtbar. Er hindert die Parteien allerdings nicht, zu einem späteren Zeitpunkt einen neuen Antrag auf Unterbreitung eines gerichtlichen Vergleichsvorschlags zu stellen.

---

182 Meyer-Goßner, § 406 Rn 5.
183 Vgl. BR-Drucks. 197/04 s. 11.

2. Die grundlegenden Förmlichkeiten eines gerichtlichen Vergleichs

114 Aus dem Vergleich kann unmittelbar nach § 794 I 1 ZPO vollstreckt werden,[184] daher muss er auch den Anforderungen an einen Titel in diesem Sinne entsprechen. Vollstreckungsgläubiger und -schuldner müssen genau identifizierbar sein.[185]

Der Abschluss eines Vergleichs vor einem deutschen Gericht bedeutet, dass der Vergleich in der für dieses Gericht[186] vorgeschriebenen Form beurkundet werden muss. Daher muss ein Vergleich nach § 405 StPO dem ausdrücklichen Gesetzeswortlaut zufolge protokolliert oder zumindest als Anlage zum Protokoll genommen werden. Anders als die ZPO enthält die StPO aber keine weiteren Regelungen zu den Förmlichkeiten des Vergleichs im Einzelnen. Unter Einbeziehung des Rechtsgedankens des § 273 III StPO und der §§ 162 I, 160 III Ziff. 1 ZPO ist folgende Verfahrensweise bei Protokollierung des Vergleichs zweckdienlich:[187]

- Einleitungssatz, der verdeutlicht, dass die Beteiligten einen Vergleich schließen wollen, diktiert vom Vorsitzenden
- Diktat des von den Parteien vorgeschlagenen oder vom Gericht unterbreiteten Vergleichstextes durch den Vorsitzenden
- Verlesen des diktierten Vergleichstextes aus dem Terminsprotokoll bzw aus dem schriftlichen Vergleichsvorschlag
- Genehmigung durch den Adhäsionskläger und den (betroffenen) Angeklagten
- Aufnahme der Genehmigungserklärungen im Protokoll

Protokollberichtigungsanträge sind nach § 271 ff StPO zu behandeln.[188] Sie kommen namentlich in Betracht bei offenkundigen Unrichtigkeiten, Schreibfehlern, vergessener Aufnahme der gesetzlichen Vertreter bei minderjährigen Antragsstellern und Ähnlichem. Das Gericht hat dann einen entsprechenden Berichtigungsbeschluss zu erlassen, der allerdings den materiellen Vergleichsinhalt nicht ändern darf. Der Vergleich steht als Ausfluss des Parteiautonomie[189] nicht zur Disposition des Gerichts.[190]

3. Der Inhalt des Vergleichs

a) Vergleichsgegenstand

115 Der Begriff der „aus der Straftat erwachsenen Ansprüche" in § 405 I 1 StPO ist weit auszulegen. So können auch nach den §§ 154, 154a StPO eingestellte Taten in den Vergleich mit einbezogen werden.[191] Der Vergleich kann sowohl vermögensrechtliche als auch nichtvermögensrechtliche Leistungen durch den Angeklagten regeln. In vielen Fällen wird auch eine Kombination von verschiedenen Vergleichsgegenständen sinnvoll sein.

---

184 Meyer-Goßner, § 406 Rn 3.
185 Plüür/Herbst, www.kammergericht.de, S. 19.
186 S. zB Vorwerk-Dehn, Prozessformularbuch, S. 484.
187 So auch Plüür/Herbst, www.kammergericht.de, S. 19.
188 KMR/Stöckel, § 405 Rn 7.
189 S. BT-Drucks. 15/1976 S. 15.
190 Plüür/Herbst, www.kammergericht.de, S. 19.
191 BT-Drucks. 15/1976, S. 15.

So kann zB (auch) die Verpflichtung zum Widerruf einer ehrverletzenden Äußerung oder zur Abgabe einer Ehrenerklärung erfolgen. Die entsprechende Formulierung könnte dann lauten:

Muster:

Es wird folgender Vergleich zwischen dem Angeklagten ... und der Nebenklägerin ... geschlossen:

1. Der Angeklagte widerruft hiermit seine in seiner Gegenanzeige vom ... aufgestellte Behauptung, die Adhäsionsklägerin habe ihn zu Unrecht einer Vergewaltigung bezichtigt.
2. ...

Bei fortgesetzten Delikten gegen höchstpersönliche Rechtsgüter liegt das Interesse des Opfers auch vielfach darin, sicherzustellen, dass der Angeklagte zu ihm zukünftig keinerlei Kontakt mehr aufnimmt: auch dies kann im Vergleich festgelegt werden. Dabei ist dann darauf zu achten, dass der Verstoß gegen die Vereinbarung, ähnlich dem Vergleich in einem Unterlassungsklageverfahren, eine entsprechende Sanktion nach sich ziehen muss:

Muster:

Es wird folgender Vergleich zwischen dem Angeklagten ... und der Adhäsionsklägerin ... geschlossen:

1. Der Angeklagte verpflichtet sich, es zukünftig zu unterlassen, jeden Kontakt zu der Adhäsionsklägerin aufzunehmen, auch nicht über Dritte oder über Kommunikationsmedien.
2. Sollte es zu zufälligem Kontakt kommen, verpflichtet sich der Angeklagte, selbständig einen Abstand von mindestens 500 Metern herzustellen.
3. für den Fall jeder Zuwiderhandlung verpflichtet sich der Angeklagte zur Zahlung eines Ordnungsgeldes bis zu 10.000 € an die Adhäsionsklägerin.

Die Formulierung der Ziff. 3 entspricht § 890 ZPO.

Verfügt der Angeklagte nur über Grundeigentum und nicht über ausreichende Einnahmen, um die Schmerzensgeld- und sonstigen Ersatzansprüche des Adhäsionsklägers zu befriedigen, so kann er sich im Wege des Vergleichs auch zur Eigentumsübertragung mit Auflassungserklärung verpflichten. Dabei dürfen etwaig bestehende Grundschulden und die Höhe des geschuldeten Betrages im Vergleich zum Wert des Grundstücks nicht aus den Augen verloren werden.

Muster:

Der Angeklagte ... und die Adhäsionsklägerin ... schließen folgenden Vergleich:

1. Der Angeklagte verpflichtet sich, das Grundstück Gemarkung ... Flurstück Nr. ... Grundbuch ... an die Adhäsionsklägerin aufzulassen und die Eintragung in das Grundbuch zu bewilligen.

2. In Vollzug der Verpflichtung zu Ziff. 1 erklären die an dem Vergleich Beteiligten: Wir sind darin einig, dass das Eigentum an dem Grundstück Gemarkung ... Flurstück Nr. ... Grundbuch ... auf die Adhäsionsklägerin übergeht.

3. Die Adhäsionsklägerin wird die Entlassung des Angeklagten aus der Haftung für die in Abteilung III des Grundbuchs gesicherten Verbindlichkeiten einholen. Die Haftungsbefreiung ist aber nicht Voraussetzung für die Übertragung des Grundeigentums. Für den Fall, dass die ... Bank die Haftungsentlassung nicht bewilligt, stellt die Adhäsionsklägerin den Angeklagten im Hinblick auf die gesicherten Verbindlichkeiten von der Haftung frei.

4. Die Kosten der Übertragung trägt der Angeklagte.

118 Bei allen Vergleichen ist darauf zu achten, dass der Vergleichsgegenstand aus dem Vergleichstext hinreichend deutlich wird, damit der Umfang des Wegfalls der Rechtshängigkeit der Klage deutlich wird (insoweit siehe unten d) und der Vergleich einen vollstreckbaren Titel darstellen kann.

Problematisch ist bei allen Vergleichen die Angemessenheit der Adhäsionszahlungen. Es gibt Schäden bei Opfern, die materiell kaum ausgeglichen werden können. Andererseits sollte der Angeklagte sich aber auch nicht weit unter die Pfändungsfreigrenzen materiell entäußern, da hierdurch seine Resozialisierung gefährdet sein könnte.

Dem Gericht stehen in diesem Zusammenhang allerdings wenige Interventionsmöglichkeiten zur Verfügung. Der Vergleich ist ein Gestaltungsmittel, das der Privatautonomie der Parteien unterliegt. Er kann auch im Nachhinein nur in den Grenzen der §§ 779, 119f BGB gerichtlich überprüft werden. Dennoch dürfte es zu den sich aus § 139 ZPO ergebenden Hinweispflichten (zu dessen Anwendbarkeit im Adhäsionsverfahren siehe oben unter Rn 27) des Gerichts gehören, dass dem Angeklagten die Grenzen der Strafmilderung bei Abschluss eines Vergleichs aufgezeigt und er auf die Pfändungsfreigrenzen hingewiesen wird. Viel zu oft erfolgen neue Strafanzeigen nach einem zivilrechtlichen Vergleich, weil die Beklagten dann doch nicht in der Lage sind, die zugesagten Zahlungen zu erbringen, die Kläger aber im Vertrauen auf diese Zusage auf erhebliche Teile ihrer Forderung verzichtet haben. Dem muss das Gericht entgegen wirken.

b) Ratenzahlungsklauseln

119 Bei einem Zahlungsvergleich ist es zweckmäßig, einen Fälligkeitstermin für die Zahlung aufzunehmen. Außerdem können Ratenzahlungsvereinbarungen abgeschlossen werden, die es auch der nicht vermögenden Partei ermöglichen, in den Genuss der strafmildernden Wirkung des Vergleichs zu gelangen. Aus der Sicht des Opfers kann es dabei sinnvoll sein, eine Verfallsklausel in den Ratenzahlungsvergleich aufzunehmen, damit der Angeklagte gehalten ist, die Raten pünktlich zu zahlen. Da der Adhäsionskläger einen Anspruch auf Verzinsung seit Rechtshängigkeit hat, sollten auch Zinsregeln in den Ratenzahlungsvergleich mit aufgenommen werden.

120 Der Vertreter des Adhäsionsklägers sollte auch mit seinem Mandanten besprechen, inwieweit er es wünscht, dass der Angeklagte, und sei es nur über monatliche Raten-

zahlungen, in Kontakt mit ihm/ihr tritt. Es kommt durchaus die Einschaltung eines Abwicklungstreuhänders in Betracht, zB der Prozessbevollmächtigte, eine Opferschutzorganisation oder eine Vertrauensperson des Adhäsionsklägers.

Ein Ratenzahlungsvergleich könnte zB lauten:

Muster:

Der Angeklagte ... und die Adhäsionsklägerin ... schließen folgenden Vergleich:

1. Der Angeklagte verpflichtet sich, an die Adhäsionsklägerin 25.000 € nebst Zinsen in Höhe von 5 %-Punkten über dem Basiszinssatz ab ... (Datum der Rechtshängigkeit) zu zahlen. Ihm wird gestattet, die Zahlung in monatlichen Raten von 1.000 € zu leisten. Die Raten sind jeweils, beginnend mit dem 1.10.2007, am 1. eines Monats fällig. Die Zahlung ist nur dann rechtzeitig, wenn sie zu diesem Zeitpunkt auf das Konto des Adhäsionsklägers/seines Abwicklungstreuhänders ... mit der Kontonummer xyz bei der xyzBank eingegangen ist.
2. Kommt der Angeklagte mit einer Rate mehr als ... Tage in Rückstand, wird der gesamte dann noch offene Betrag sofort fällig.
3. Für den Fall des Zahlungsrückstands verpflichtet sich der Angeklagte, den sofort fälligen Betrag mit einem Zinssatz von 8%-Punkten über dem Basiszinssatz zu verzinsen.

c) Der Erlassvergleich

Es kann einen erheblichen Anreiz für den Angeklagten zur pünktlichen Zahlung des Vergleichsbetrages darstellen, wenn damit ein Erlass verbunden ist. So kann sowohl bei Ratenzahlungen als bei einem einfachen Zahlungsvergleich festgehalten werden, dass der Angeklagte von der Zahlung eines festgelegten Anteils der Vergleichssumme bei pünktlichem Eingang eines konkret angegebenen Betrages enthoben ist.

Die entsprechende Formulierung kann dann lauten:

Muster:

Der Angeklagte ... und die Adhäsionsklägerin ... schließen folgenden Vergleich:

1. ...
2. ...
3. Zahlt der Angeklagte bis zum ... den Betrag von insgesamt ... /pünktlich die Raten bis zu einer Gesamthöhe von ..., so ist er von der Zahlung des bis dahin noch offenen Restbetrages befreit. Der Angeklagte nimmt den Erlass bereits jetzt an.

d) Abgeltungsklauseln

Ein Vergleich beinhaltet ein Nachgeben auf beiden Seiten. Das bedeutet auch, dass er auch hinter den mit der Adhäsionsklage geltend gemachten Ansprüchen zurück bleiben kann. Damit deutlich wird, dass dennoch alle Ersatzansprüche des Opfers abgegolten sind und so zum einen der Wegfall der Rechtshängigkeit eintritt und zum anderen der Angeklagte keinen weitergehenden Zivilprozess befürchten muss, ist es wichtig, Abgeltungsklausel in den Vergleich aufzunehmen. Dabei hängt es vom Parteiwillen ab, wie umfassend der Vergleich die gegenseitigen Ansprüche endgültig abgelten soll.

Muster:

Der Angeklagte ... und die Adhäsionsklägerin ... schließen folgenden Vergleich:

1. ...
2. ...
3. Mit der Zahlung des Vergleichsbetrages zu Ziff. 1 sind alle gegenseitigen Ansprüche der Vergleichsparteien aus der angeklagten Tat/ aus allen zum Nachteil der Adhäsionsklägerin durch den Angeklagten begangenen Straftaten/unabhängig von deren Rechtsgrund und gleich ob bekannt oder unbekannt, abgegolten und erledigt.

123 Etwas anderes kann nur dann gelten, wenn die Parteien sich ausdrücklich eine weitergehende Geltendmachung von Schäden vorbehalten wollen. Dies kann insbesondere dann der Fall sein, wenn bei Körperschäden die Behandlung noch nicht abgeschlossen ist und daher der Schadensumfang noch nicht ausreichend konkret beziffert werden kann (zur Problematik des zulässigen Adhäsionsantrages für diese Fälle vgl Rn 52 ff). Da für diesen Fall ein Vergleich dennoch nicht ausgeschlossen werden soll, ist ein sorgfältig formulierter Vorbehalt in der Abgeltungsklausel notwendig. Ein Vorbehalt auch für immaterielle Schäden dürfte dabei aus Sicht der Verteidigung eine sehr große Unsicherheit für den Angeklagten nach sich ziehen, die den übrigen Vorteilen aus einem Vergleich entgegenstehen kann.

Muster:

Der Angeklagte ... und die Adhäsionsklägerin ... schließen folgenden Vergleich:

1. ...
2. ...
3. Mit diesem Vergleich sind alle bisher entstandenen Schadenspositionen aus den angeklagten/und nach § 154 StPO eingestellten Straftaten abgegolten und erledigt.
4. Es wird im Verhältnis des Angeklagten zu der Adhäsionsklägerin ... festgestellt, dass der Angeklagte verpflichtet ist, der Adhäsionsklägerin sämtliche zukünftig noch aus der in der Anklageschrift vom ... konkretisierten Tat entstehenden materiellen/und immateriellen Schäden zu ersetzen, soweit diese Ansprüche nicht auf Sozialversicherungsträger oder sonstige Dritte übergegangen sind bzw übergehen werden.

4. Kostenentscheidung und Vollstreckbarkeit

124 Es ist zweckmäßig, den Vergleich auch auf die Kosten des Adhäsionsverfahrens zu erstrecken. Dies entbindet nicht nur das Gericht von einer Entscheidung nach § 472a StPO, sondern verdeutlicht auch, dass der Vergleich das Rechtsverhältnis zwischen

Adhäsionskläger und Angeklagten abschließend regeln und daher auch so weit als möglich befrieden soll. Wenn allerdings wegen der Kosten keine Einigkeit erzielt werden kann, kann der Vergleich dennoch abgeschlossen und die Entscheidung über die Kosten dem Gericht auferlegt werden[192]. Das Gericht hat dann im Rahmen billigen Ermessens den Inhalt des Vergleichs bei der Kostenentscheidung mit zu berücksichtigen.[193]

Dabei sollte das Gericht zur Vermeidung späterer Auseinandersetzungen zeitgleich über den Streitwert durch Beschluss entscheiden.

Im Vergleich empfiehlt es sich, die Kosten mittels einer einfachen Quote aufzuteilen:

Muster:

Der Angeklagte ... und die Adhäsionsklägerin ... schließen folgenden Vergleich:

1. ...
2. ...
3. Der Angeklagte trägt 3/4 der Kosten des Adhäsionsverfahrens und des Vergleichs, die Adhäsionsklägerin trägt 1/4 dieser Kosten.

oder

3. Die Kosten des Adhäsionsverfahrens trägt der Angeklagte, die Kosten des Vergleichs werden gegeneinander aufgehoben.

Der Vergleich ist ein weiterer Vollstreckungstitel im Sinne von § 794 ZPO und muss daher nicht wie Urteile nach den §§ 708ff ZPO mit einer Entscheidung zur vorläufigen Vollstreckbarkeit versehen werden.

5. Der Widerrufsvergleich

Der Abschluss eines Widerrufsvergleichs im Adhäsionsverfahren ist grundsätzlich möglich, sollte aber vermieden werden. Sinn des Vergleichs im Adhäsionsverfahren ist die abschließende Regelung der gesamten Problematik. Sind die Parteien in der Hauptverhandlung anwesend, so sollte versucht werden, eine endgültige Befriedung herzustellen.

125

Sollten triftige Gründe dafür vorliegen, dass die Parteien über den Vergleich noch nicht abschließend entscheiden können, sollte dem Adhäsionskläger und dem Angeklagten ausreichend Zeit zur Erörterung der Vergleichsmodalitäten eingeräumt werden.[194] Da dies innerhalb der laufenden Hauptverhandlung erfolgt, ist auch eine Unterbrechung der Verhandlung zu diesem Zweck – sogar in Haftsachen – unschädlich. Widerrufsvergleiche bergen ansonsten die Gefahr, dass das weitere Strafverfahren das Adhäsionsverfahren quasi überholt. Aufgrund des (Widerrufs)-vergleichs kann die Hauptverhandlung zB wesentlich abgekürzt werden, Zeugen werden entlassen oder

---

192 Plüür/Herbst, www.kammergericht.de. S. 21.
193 Entspr. OLG Oldenburg, NJW-RR 1992, 1466.
194 Damit würde auch den von Plüür/Herbst, www.kammergericht.de. S. 22 angeführten Gründen, die für einen Widerrufsvergleich sprechen, begegnet werden können.

gar nicht erst geladen und es wird kurzfristig ein Urteil verkündet. Wenn dann die Widerrufsfrist noch nicht abgelaufen ist, kann der Strafprozess nicht mehr aufgenommen werden. Eine Entscheidung über den Adhäsionsantrag innerhalb der Hauptverhandlung kann nicht mehr erfolgen. Da zudem § 404 IV StPO eine Rücknahme des Adhäsionsantrages nur bis zum Schluss der mündlichen Verhandlung vorsieht, kann der Adhäsionskläger auch diesen Weg nicht mehr beschreiten. Es müsste daher eine nachträgliche Absehensentscheidung im Beschlusswege mit negativer Kostenfolge für den Adhäsionskläger ergehen. Damit wäre das eigentliche Ziel eines Adhäsionsverfahrens verfehlt worden. Das Opfer müsste den Zivilrechtsweg beschreiten und einzig der Angeklagte hätte vom Vergleich profitiert, indem dieser strafmildernd in das Urteil mit eingeflossen wäre.

6. Einwendungen gegen die Wirksamkeit des Vergleichs

126 Nach § 405 II StPO ist ein Rechtsstreit über die Wirksamkeit des Vergleichs zulässig. Die Vorschrift regelt nur die Zuständigkeiten, nicht die materiellrechtlichen Voraussetzungen. Hier ist § 779 BGB anzuwenden.

§ 405 II StPO entbindet den Strafrichter von der Pflicht, sich mit den zivilrechtlichen Fragen der Wirksamkeit des Vergleichs auseinanderzusetzen[195] und weist den Rechtsstreit den Zivilgerichten zu, unabhängig davon, ob der Strafprozess beendet ist oder nicht.

Strittig ist die Frage, welches Gericht sachlich zuständig ist. Teilweise wird vertreten, dass hier die Streitwertgrenze der §§ 23, 71 GVG keine Bedeutung habe und das Zivilgericht gemeint sei, das der Ordnung das Strafgerichts des ersten Rechtszuges entspreche.[196] Dieser allein auf einen Vergleich der §§ 405 II und 406 III 4 StPO begründeten Auffassung stehen aber gewichtigere Argumente entgegen. Der Gesetzgeber hat auch in § 406b StPO die Formulierung des § 405 II StPO verwendet und die Streitigkeiten über die Vollstreckbarkeit des Urteils den Zivilgerichten des Bezirks des Strafgerichts zugewiesen. Es wäre aber gänzlich systemwidrig, mit der Vollstreckungsabwehrklage gegen ein Adhäsionsurteil ein anderes Gericht zu befassen als das, das auch bei einer Vollstreckungsabwehrklage gegen ein „normales" Zivilurteil zuständig wäre. Die Formulierung der §§ 405 II und 406b StPO macht vielmehr deutlich, dass lediglich die örtliche Zuständigkeit abweichend von der ZPO festgelegt werden soll. So richtet sich diese nach dem Ort der Anhängigkeit der Anklage, also ggf dem Tatort, unabhängig vom Wohnort des Beklagten etc. Hätte der Gesetzgeber auch eine Abweichung von den §§ 23, 71 GVG gewollt, so hätte er nicht nur den Bezirk genannt, sondern dies mit einer Formulierung wie zB „an demselben Gericht" festgelegt. Auch die Gesetzesmaterialien bilden keine Grundlage für eine Abweichung von den üblichen für die sachliche Zuständigkeit der Zivilgerichte geltenden Regelungen.

127 Für die Klage gegen die Wirksamkeit des Vergleichs im Adhäsionsverfahren ist also gem. § 405 II StPO streitwertabhängig der Zivilrichter des Amtsgerichts bzw die Zi-

---

195 BT-Drucks. 15/1976, S. 16; Ferber, NJW 2004, 2562 (2565).
196 Plüür/Herbst, www.kammergericht.de. S. 24.

vilkammer des Landgerichts zuständig. Die örtliche Zuständigkeit richtet sich nach dem Sitz des mit der Sache befassten Strafgerichts.

Die Formulierung der entsprechenden Klage richtet sich nach den allgemeinen Vorschriften des Zivilprozessrechts, mit der Ausnahme, dass eine Klage auf Fortsetzung des alten Prozesses[197] nicht möglich ist, weil durch die ausdrückliche Zuweisung vor das Gericht der bürgerlichen Rechtspflege das Strafgericht nicht zuständig ist.[198]

---

197 Vgl. Zöller, ZPO, § 794 Rn 15a.
198 Insoweit s. auch Meyer-Goßner, § 405 Rn 6.

VII. Das Absehen von der Entscheidung

1. Fehlende Erfolgsaussicht

128 Ein Absehen von der Entscheidung gem. § 406 I 3 StPO ist nach der ausdrücklichen Formulierung des Gesetzes nur dann möglich, wenn der Antrag unzulässig ist oder soweit er unbegründet erscheint.

a) Unzulässigkeit des Antrags

129 Die Unzulässigkeit des Antrags kann sich aus zivilprozessualen oder strafprozessualen Gesichtspunkten ergeben. Zu beachten sind hier alle Gesichtspunkte, die oben unter Rn 33 ff „Zulässigkeit des Adhäsionsverfahrens" aufgeführt worden sind, also insbesondere die Tatbestandsvoraussetzungen des § 403 StPO. Weitere Zulässigkeitsvoraussetzungen sind das Vorliegen der deutschen Gerichtsbarkeit sowie keine anderweitige Rechtshängigkeit und keine entgegenstehende Rechtskraft.[199]

Wenn der Verletzte seinen Anspruch nach der Stellung des Antrags abgetreten hat, was insbesondere dann relevant wird, wenn an ihn mittlerweile eine Versicherungssumme ausgezahlt worden ist, wird der Antrag dadurch nicht unzulässig. § 403 StPO schließt es nämlich nicht aus, zur Leistung an den Zessionar zu verurteilen. Vielmehr verlangt § 403 nur, dass der Antragsteller der Verletzte sein muss, und schreibt daher vor, dass der Zessionar nicht Antragsteller sein kann. § 403 StPO setzt nicht voraus, dass der Antragsteller auch im Zeitpunkt der Entscheidung noch Inhaber des Anspruchs ist. Der Antrag muss in solchen Fällen lediglich dahingehend umgestellt werden, dass Leistung an den Zessionar verlangt wird.[200]

b) Unbegründetheit des Antrags

130 Auch die Unbegründetheit des Antrags kann sich sowohl aus strafrechtlichen als auch aus zivilrechtlichen Gesichtspunkten ergeben.

aa) Unbegründetheit aus strafrechtlichen Gesichtspunkten

Die Unbegründetheit des Adhäsionsantrages kann sich zunächst daraus ergeben, dass der Angeklagte weder schuldig gesprochen noch gegen ihn eine Maßregel der Besserung und Sicherung angeordnet wird, vgl § 406 I 1 StPO. Schuldig gesprochen wird ein Angeklagter auch in den Fällen, in denen das Gericht von Strafe absieht (etwa in den Fällen der §§ 60, 157, 158, 199, 233 StGB). Wird der Angeklagte von der Straftat freigesprochen, aber eine Maßregel der Besserung und Sicherung wegen der Straftat angeordnet, führt dies ebenfalls nicht zur Unbegründetheit des Adhäsionsantrages. Entscheidend ist demnach nicht, wie dies vielfach formuliert wird,[201] der Schuldspruch, sondern die Rechtsgutsverletzung durch ein tatbestandsmäßiges und rechtswidriges Verhalten.

131 Aus § 406 I 1 StPO folgt weiter, dass der Adhäsionsantrag aus strafrechtlicher Sicht unbegründet ist, wenn die Verurteilung oder Maßregelanordnung nicht wegen derje-

---

[199] KMR/Stöckel, § 403 Rn 10; Löwe-Rosenberg/Hilger, § 405 Rn 3.
[200] Löwe-Rosenberg/Hilger, § 405 Rn 4.
[201] Vgl. nur SK-StPO/Velten, § 405 Rn 5.

nigen Straftat erfolgt, aus der sich der Adhäsionsanspruch ergibt. Zu der Frage, welche Voraussetzungen an diese Identität zwischen Straftat und Anspruchsgrund zu stellen sind, kann aus der Rechtsprechung die Entscheidung des BGH vom 28.11.2002[202] herangezogen werden. Der BGH hat dort entschieden, dass der Strafrichter nur solche zivilrechtlichen Ansprüche zu überprüfen hat, die sich unmittelbar aus der strafrechtlichen Verurteilung ergeben, also dass der Angeklagte der Straftat im Sinne des § 264 StPO überführt werden müsse, aus der der geltend gemachte Anspruch erwachsen sein soll. Der BGH zitiert in diesem Zusammenhang die Kommentare von Löwe-Rosenberg, KMR und den Heidelberger Kommentar zur StPO. Insbesondere bei Löwe-Rosenberg heißt es aber, dass bereits dann von einer Entscheidung abgesehen werden müsse, wenn der Angeklagte nur wegen einer anderen Straftat verurteilt werde, die in Tatmehrheit zu der Straftat stehe, aus der der Anspruchsgrund folge.[203] Zu dieser Frage, also ob es auf Identität im Sinne von § 264 StPO oder von § 52, 53 StGB ankommt, findet sich bei KMR/Stöckel[204] keine konkrete Aussage. Hier heißt es lediglich, dass nicht eine Verurteilung ausreiche, die mit dem geltend gemachten Anspruch nicht im Zusammenhang stehe. Aus der zitierten BGH-Entscheidung selbst ergibt sich kein Hinweis, ob der BGH auch solche Fälle ausklammern wollte, in denen zwar Tatidentität im prozessualen Sinne, nicht aber im materiell-rechtlichen Sinne besteht. In dem der Entscheidung zu Grunde liegenden Fall bestand offenbar bereits keine Tatidentität im prozessualen Sinne, so dass für den BGH keine Veranlassung bestand, sich auch mit der Frage auseinander zusetzen, ob Tatidentität auch im materiell-rechtlichen Sinne Voraussetzung ist.

Neben der bereits zitierten Kommentierung bei Löwe-Rosenberg verhält sich Velten in SK-StPO[205] ebenfalls eindeutig zu der Frage, auf welchen Tatbegriff es ankommt. Dort heißt es ausdrücklich, dass es nicht auf den strafprozessualen Tatbegriff ankomme, sondern auf den materiell-rechtlichen. Dies deshalb, weil das Gericht nicht mit allen zivilrechtlichen Fragen befasst werden solle, die sich anlässlich einer materiell-rechtlichen Tat stellen, sondern lediglich über solche Ansprüche entscheiden dürfe und solle, die sich als (zivilrechtlicher) Ausgleich für die Rechtsgutverletzung oder -gefährdung darstellen.

132

Diese Auffassung wird auch hier vertreten. Wenn bereits durch die Staatsanwaltschaft oder das Gericht die Entscheidung getroffen wurde, die strafrechtliche Verfolgung aus prozessökonomischen Gründen auf eine bestimmte materiell-rechtliche Tat zu beschränken, dann darf diese Entscheidung nicht dadurch ausgehebelt werden, dass der Adhäsionskläger das Strafgericht durch seinen Antrag dazu zwingt, diese materiell-rechtliche Straftat doch zu verhandeln. Zwar ist durch das Opferrechtsreformgesetz die Möglichkeit des Strafgerichtes eingeschränkt worden, von einer Entscheidung über den Adhäsionsanspruch wegen fehlender Eignung abzusehen, es ist jedoch nicht erkennbar, dass der Gesetzgeber auch die Möglichkeiten des Strafgerich-

133

---

202 BGH, NStZ 2003, 321.
203 Löwe-Rosenberg/Hilger, § 405 Rn 7.
204 KMR/Stöckel, § 406 Rn 13.
205 SK-StPO, § 405 Rn 5.

134 Daraus folgt, dass wegen einer Straftat, hinsichtlich derer von § 154 StPO Gebrauch gemacht wurde, ein Adhäsionsverfahren nicht durchgeführt werden kann. Sofern wegen der dem zivilrechtlichen Anspruch zu Grunde liegenden Straftat von § 154 a StPO Gebrauch gemacht wurde, kommt es darauf an, ob die Tat in Tateinheit gem. § 52 StGB oder in Tatmehrheit gem. § 53 StGB zu der angeklagten und verurteilten Tat steht. Sofern Tateinheit besteht und es zur Verurteilung kommt, bleibt auch der Adhäsionsantrag zulässig. Sofern Tatmehrheit besteht und es wegen der dem zivilrechtlichen Anspruch zu Grunde liegenden Straftat nicht zu einer Verurteilung kommt, ist der Adhäsionsantrag unbegründet. Auch diese Gesetzesauslegung schränkt zwar noch die Entscheidungsbefugnis des Strafgerichtes zur Bestimmung des Prozessstoffes ein, da nach der hier vertretenen Auffassung verlangt wird, dass sich das Strafgericht mit den zivilrechtlichen Folgen einer Gesetzesverletzung befasst, die strafrechtlich nach § 154 a StPO behandelt wurde. Diese Einschränkung erscheint jedoch vertretbar, da das Strafgericht ohnehin gezwungen ist, sich mit der Tat im materiell-rechtlichen Sinne zu befassen.

135 **Beispielsfall:**

Das Gericht hat mit Zustimmung der Staatsanwaltschaft das Verfahren, in dem dem Angeklagten ein Raub in Tateinheit mit einer gefährlichen Körperverletzung vorgeworfen wurde, auf den Vorwurf des Raubes beschränkt. Im Rahmen des Adhäsionsverfahrens ist es nunmehr gleichwohl gezwungen, sich auch mit dem Vorwurf der Körperverletzung auseinander zu setzen, da Tateinheit im Sinne von § 52 StGB vorliegt. Falls Feststellungen zum Ausmaß der Verletzungen problematisch sind, hat das Gericht die Möglichkeit zum Erlass eines Grundurteils.

bb) Unbegründetheit aus zivilrechtlichen Gesichtspunkten

136 Die Unbegründetheit des Adhäsionsantrages kann sich auch aus zivilrechtlichen Gesichtspunkten ergeben. Dies kann beispielsweise dann gegeben sein, wenn geltend gemachter Verdienstausfall nicht nachgewiesen wird.

2. Fehlende Eignung

137 Ein Absehen von der Entscheidung ist gem. § 406 I 4, 5 und 6 StPO neben den Fällen der Unzulässigkeit oder Unbegründetheit des Antrags bei Schmerzensgeldansprüchen gar nicht und in allen übrigen Fällen nur dann möglich, wenn sich der Antrag „auch unter Berücksichtigung der berechtigten Belange des Antragstellers zur Erledigung im Strafverfahren nicht eignet". Durch diese Neuformulierung im Opferrechtsreformgesetz sollte in Abkehr von der bisherigen Praxis die Entscheidung über den Adhäsionsantrag zur Regel und das Absehen von der Entscheidung zur Ausnahme gemacht werden.[206]

---

206 KMR/Stöckel, § 406 Rn 14.

Die Entscheidung über die Eignung oder Nichteignung des Adhäsionsantrages gem. § 406 I 4 StPO ist eine Ermessensentscheidung.[207] Dies ergibt sich aus der Formulierung des Gesetzes in § 406 I 4 StPO „kann" im Gegensatz zu Satz 3 „sieht ... ab". Aus dieser unterschiedlichen Formulierung der beiden Sätze folgt eindeutig, dass die Entscheidung über die Eignung oder Nichteignung in Satz 4 als Ermessensentscheidung zu treffen ist.

Zu der Frage, welche Kriterien im Rahmen dieser Ermessensentscheidung zu berücksichtigen sind, existiert bislang wenig Rechtsprechung und kaum Literatur. Das OLG Hamburg hat jedoch in einer grundlegenden Entscheidung vom 29.7.2005[208] ausgeführt, dass im Rahmen dieser Ermessensentscheidung eine Abwägung zwischen den Interessen der Geschädigten, ihre Ansprüche in einem Adhäsionsverfahren durchzusetzen, und den Interessen des Staates, seinen Strafanspruch möglichst effektiv zu verfolgen, sowie dem Interesse des Angeklagten an einem fairen und schnellen Verfahrensfortgang vorzunehmen ist. Den Opferinteressen komme danach ein hohes, aber nicht von vornherein ein überwiegendes Gewicht zu. Dabei wird die Verfahrensverzögerung zwar als der wichtigste, nicht jedoch als der einzig denkbare Fall einer Nichteignung angesehen. Dem gegenüber heißt es bei KMR/Stöckel[209], dass es fraglich sei, ob es auch Fälle der Nichteignung geben könne, die nicht mit einer Verfahrensverzögerung verbunden seien. Stöckel erkennt ausdrücklich nur die Geltendmachung eines Anspruchs von so außergewöhnlicher Höhe, dass sich der Angeklagte in seiner wirtschaftlichen Existenz bedroht fühlen müsse, als gesonderten Fall einer Nichteignung an.

138

Aus der Gesetzesformulierung in § 406 I 5 StPO, in dem die Verfahrensverzögerung nur als ein Beispiel für die Nichteignung aufgeführt wird („insbesondere") folgt jedoch, dass es auch aus Sicht des Gesetzgebers weitere Kriterien geben kann, die eine Nichteignung begründen. Entsprechend ist auch im Gesetzgebungsverfahren die Verzögerung als der wichtigste, ausdrücklich jedoch nicht als der einzig denkbare Fall einer Nichteignung bezeichnet worden.[210]

Dieser Auffassung entsprechend sollen im Folgenden einzelne Gesichtspunkte aufgezeigt werden, die eine Nichteignung begründen können, wobei sich eine Nichteignung auch daraus ergeben kann, dass möglicherweise jeder einzelne Gesichtspunkt für sich allein noch nicht zur Nichteignung führen würde, sich bei einer Gesamtbetrachtung aber die Nichteignung des Adhäsionsantrages zur Erledigung im Strafverfahren ergibt.[211]

a) Höhe und Umfang der Klageforderung

Höhe und Umfang der Klageforderung können zur Nichteignung des Adhäsionsantrages führen. In dem der Entscheidung des OLG Hamburg zu Grunde liegenden Fall

139

---

207 OLG Hamburg, NStZ-RR 2006, 347; LG Hildesheim, NdsRpfl 2007, 187, bestätigt durch OLG Celle, Beschluss v. 22.2.2007, – 1 Ws 74/07 –.
208 OLG Hamburg, NStZ-RR 2006, 347.
209 KMR/Stöckel, § 406 Rn 20.
210 BR-Drucks. 829/03, S. 37.
211 Zu dieser Verfahrensweise auch OLG Hamburg, NStZ-RR 2006, 347.

war gegen die Angeklagten eine Schadensersatzforderung von über 763 Mio. € geltend gemacht worden. Die Sonderbände, ausschließlich zum Adhäsionsverfahren, hatten einen Umfang von über 3000 Seiten, allein die Adhäsionsantragsschrift umfasste 368 Seiten. In solchen Fällen, also wenn Ansprüche von so außergewöhnlicher Höhe geltend gemacht werden, dass sich der Angeklagte in seiner wirtschaftlichen Existenz bedroht fühlen muss und ihm daher die Konzentration auf eine effektive Strafverteidigung nicht mehr möglich ist, kann dies zur fehlenden Eignung führen. Dabei kommt es nicht darauf an, ob dies mit einer wesentlichen Verfahrensverzögerung verbunden ist.[212]

b) Haftungsgefahr für Pflichtverteidiger

140 Ein weiterer Gesichtspunkt, der zur fehlenden Eignung des Adhäsionsantrages führen kann, sind die Haftungsrisiken, die sich für den Pflichtverteidiger daraus ergeben, dass sich seine Beiordnung grundsätzlich auch auf die Abwehr der im Adhäsionsverfahren geltend gemachten Ansprüche erstreckt, siehe dazu oben Rn 43 ff. Diese Haftungsrisiken können dazu führen, das Verteidigungsverhalten mehr auf den zivilrechtlichen Aspekt als auf die strafrechtlichen Fragen auszurichten. Eine solche Gewichtung würde wiederum den Interessen des Angeklagten an einem fairen Verfahren entgegenstehen.[213]

c) Schwierige Rechtsfragen

141 Nach der Rechtssprechung des BGH zum Adhäsionsverfahren, die auch durch die Änderung der Adhäsionsvorschriften nicht obsolet geworden ist, kann ein Adhäsionsantrag dann ungeeignet sein, wenn schwierige bürgerlich-rechtliche Fragestellungen zu klären wären, insbesondere in Fällen eines Forderungsüberganges oder bei Anwendung ausländischem Rechts.[214] Der BGH hat auch zur neuen Gesetzeslage einen Fall der Nichteignung angenommen, in dem von verfahrensübergreifender (Teil-)Gesamtschuldnerschaft auszugehen war.[215]

d) Strafgericht als Gericht der Hauptsache gem. § 927 II ZPO

142 Ein weiterer Gesichtspunkt, der in die Ermessensentscheidung einfließen kann, ergibt sich daraus, dass das Strafgericht durch den Adhäsionsantrag, der die Wirkungen einer Zivilklage hat, zum Gericht der Hauptsache im Sinne von § 927 II 2. Hs ZPO wird. Dies kann zur Folge haben, dass sich das Strafgericht ständig mit Anträgen auf Einstellung oder Abänderung von Entscheidungen im Rahmen der Zwangsvollstreckungen befassen muss.[216]

---

[212] LG Mainz, Strafverteidiger 1997, 627; LG Hildesheim, NdsRpfl 2007, 187, bestätigt durch OLG Celle, Beschluss v. 22.2.2007, – 1 Ws 74/07 -; KMR/Stöckel, § 406 Rn 20; anderer Ansicht: LG Wuppertal, NStZ 2003, 176; Kuhn, JR 2004, 397 (400).
[213] OLG Hamburg, NStZ-RR 2006, 347 (349); LG Hildesheim, NdsRpfl 2007, 187, bestätigt durch OLG Celle, Beschl. v. 22.2.2007, – 1 Ws 74/07 –, auch zu dem Aspekt, dass die Verletzten eine Übernahme des Haftungsrisikos anbieten.
[214] Vgl. OLG Hamburg, NStZ-RR 2006, 347 (349); ebenso LG Hildesheim, NdsRpfl 2007, 187, bestätigt durch OLG Celle, Beschluss v. 22.2.2007, – 1 Ws 74/07 -; KK/Engelhardt, § 405 Rn 1.
[215] BGH v. 29.6.2006, – 5 StR 77/06 –.
[216] OLG Hamburg, NStZ-RR 2006, 347 (349).

e) Verfahrensverzögerung

Abgesehen von diesen Kriterien, deren Aufzählung nicht abschließend gemeint ist, ist in § 406 I 5 StPO die erhebliche Verfahrensverzögerung als weiterer Grund genannt, der zur Nichteignung führen kann. Die Frage, wann eine Verfahrensverzögerung als erheblich anzusehen ist, dürfte ebenfalls nach einer Abwägung der verschiedenen Interessen zu entscheiden sein. Insbesondere kommt es dabei auf den Umfang der jeweiligen Strafsache an sowie den Umstand, ob der Angeklagte in Untersuchungshaft sitzt (s. dazu auch unten Rn 282). Dementsprechend wird die Verlängerung einer Hauptverhandlung um das Doppelte dann als vertretbar angesehen, wenn die Hauptverhandlung ohne das Adhäsionsverfahren nur eine Stunde dauern würde, nicht aber, wenn im Anschluss an eine an sich ausreichende eintägige Hauptverhandlung ein neuer Termin mit einer weiteren Beweisaufnahme über den zivilrechtlichen Anspruch notwendig werden würde.[217] Dagegen sei die Verlängerung einer ohnedies mehrtägigen Hauptverhandlung um einen weiteren Termin als noch erträglich zu betrachten.[218] Das LG Hildesheim hat entschieden, bestätigt durch das OLG Celle, dass angesichts des verfassungsrechtlichen Beschleunigungsgebots in Haftsachen schon eine Verzögerung der Hauptverhandlung um einige Tage als erheblich anzusehen sein dürfte.[219]

143

Ein bei Plüür/Herbst[220] zitiertes Beispiel betrifft einen Fall mit 50 eBay-Geschädigten, die alle gehört werden müssten und denen allen ein Recht auf einen Schlussvortrag zusteht. Dabei können im Rahmen der Ermessensentscheidung auch logistische Probleme eine Rolle spielen. Ein weiteres bei Plüür/Herbst zitiertes Beispiel betrifft die umfangreichen Weiterungen in einer Beweisaufnahme, die dadurch notwendig werden können, dass der Angeklagte mit verschiedenen Gegenansprüchen die Aufrechnung erklärt. Auch hier sei prinzipiell von einer Ungeeignetheit auszugehen, zumal bei einer Aufrechnung regelmäßig nicht der Ausweg über eine Kombination von Grund- und Vorbehaltsurteil möglich ist, da die §§ 403 ff StPO die Möglichkeit eines Vorbehaltsurteils nicht vorsehen.

144

f) Schmerzensgeldansprüche

Bei Schmerzensgeldansprüchen darf gem. § 406 I 6 StPO nicht wegen fehlender Eignung von einer Entscheidung abgesehen werden. Dabei ging der Gesetzgeber davon aus, dass in diesen Fällen der Erlass eines Grundurteils für das Strafverfahren nicht zu einer unzumutbaren Belastung führen würde.

145

g) Hinweispflicht und Beschluss

Gem. § 406 V StPO hat das Gericht die Verfahrensbeteiligten so früh wie möglich darauf hinzuweisen, wenn es erwägt, von einer Entscheidung über den Antrag abzusehen. Aus Satz 2 folgt dann die Verpflichtung des Gerichtes, durch Beschluss von einer Entscheidung über den Antrag abzusehen, sobald es die Voraussetzungen für

146

---

217 KMR/Stöckel, § 406 Rn 19.
218 KMR/Stöckel, § 406 Rn 19.
219 LG Hildesheim, NdsRpfl 2007, 187, bestätigt durch OLG Celle, Beschl. v. 22.2.2007, – 1 Ws 74/07 –.
220 Www.kammergericht.de, S. 25.

eine Entscheidung über den Antrag für nicht gegeben erachtet. Diese Regelung wird so ausgelegt, dass sie sich nur auf den Fall beziehen soll, in dem das Gericht ein Absehen von der Entscheidung insgesamt erwägt, also weder eine Grund- noch eine Teilentscheidung erlassen will.[221] Diese Auffassung wird mit dem Sinn der Regelung, aus der ausdrücklichen Erwähnung des Grund- und Teilurteils in I 2 u. 5 und aus der Differenzierung in § 472 a II 1 StPO hergeleitet sowie aus dem Umstand, dass der Antragsteller bei Teilablehnung erst nach Kenntnis der abschließenden Entscheidung des Gerichtes beurteilen könne, ob und inwieweit er seine weitergehenden Ansprüche im Zivilverfahren verfolgen soll. Dies überzeugt jedoch nicht. Der Adhäsionsantragsteller kann gerade auch in den Fällen, in denen das Gericht nur einen Teil des Anspruchs zusprechen will, ein erhebliches Interesse daran haben, davon frühzeitig zu erfahren, um ggf das Rechtsmittel des § 406 a StPO einzulegen. Dies beruht insbesondere auch auf den kostenrechtlichen Konsequenzen, die mit einem Absehen von der Entscheidung verbunden sein können. Dem entsprechend wird hier die Auffassung vertreten, dass ein entsprechender Hinweis wie nach § 139 ZPO auch dann zu erteilen ist, wenn nur teilweise von der Entscheidung abgesehen werden soll.

3. Sofortige Beschwerde gem. § 406 a I StPO

147 Gegen den Beschluss, mit dem nach § 406 V 2 StPO von einer Entscheidung über den Antrag abgesehen wird, ist die sofortige Beschwerde zulässig, wenn der Antrag vor Beginn der Hauptverhandlung gestellt wurde und solange keine den Rechtszug abschließende Entscheidung ergangen ist, § 406 a I StPO. Dies bedeutet, dass die sofortige Beschwerde unzulässig wird, wenn eine den Rechtszug abschließende Entscheidung ergeht. Es tritt dann prozessuale Überholung im Beschwerdeverfahren ein.[222]

148 Folgendes Muster mag als Vorlage für einen Hinweis und entsprechenden Beschluss nach § 406 V StPO dienen:

Muster:

Beschluss

In dem Strafverfahren

gegen

wegen

ergeht folgender gerichtlicher Hinweis zum Adhäsionsverfahren:

Das Gericht erwägt, von einer Entscheidung über den Adhäsionsantrag abzusehen.

Der Adhäsionsantrag dürfte gem. § 406 I 3 StPO unzulässig sein.

Unzulässig ist die Geltendmachung eines Anspruchs im Adhäsionsverfahren insbesondere dann, wenn der Anspruch bereits anderweitig rechtshängig ist. Der Angeklagte hat die Ablichtung eines Versäumnisurteils vorgelegt, woraus sich ergibt, dass der Adhäsionskläger wegen der Körperverletzung vom 1.3.2006 und der daraus resultierenden Schmerzensgeldforderung bereits den Zivilrechtsweg beschritten hat.

---

221 Meyer-Goßner, § 406 Rn 14; KMR/Stöckel, § 406 Rn 28.
222 Meyer-Goßner, § 406 a Rn 3.

Damit ist der Anspruch bereits rechtshängig und kann nicht mehr im Adhäsionsverfahren geltend gemacht werden.

Es besteht Gelegenheit zur Stellungnahme bis zum …

Nach Ablauf der Stellungnahmefrist könnte so dann folgender Beschluss ergehen:

Muster:

Beschluss

In dem Strafverfahren

gegen

wegen

sieht das Gericht von einer Entscheidung über den Adhäsionsantrag des … vom (Datum) ab.

Der Adhäsionskläger trägt die durch das Adhäsionsverfahren entstandenen besonderen Kosten sowie die notwendigen Auslagen des Angeklagten.

Gründe:

Von einer Entscheidung über den Adhäsionsantrag war gem. § 406 I 3 StPO abzusehen, da er unzulässig ist. Dem Adhäsionsantrag steht der Einwand anderweitiger Rechtshängigkeit entgegen. Der Adhäsionskläger hat über den von ihm geltend gemachten Schmerzensgeldanspruch aus der Körperverletzung vom (Datum) bereits ein Versäumnisurteil (Az) erwirkt.

Die Kostenentscheidung beruht auf § 472 a II StPO und beruht auf der Erwägung, dass der Adhäsionskläger einen unzulässigen Adhäsionsantrag erhoben hat, was auf einem Umstand beruht, der ihm zuzurechnen war.

VIII. Die Adhäsionsentscheidung im Urteil

1. Rubrum bei Geheimhaltungsinteresse

150 Nach § 275 III StPO sind u.a. auch die Personen die an der Sitzung teilgenommen haben, in das Urteil aufzunehmen. In dem Urteilskopf (Rubrum) sind mithin die Namen der Mitwirkenden aufzuführen. Hierhin gehört also auch der Adhäsionskläger, soweit er erschienen ist bzw und/oder sein Vertreter, und zwar bei der Auflistung der Personen, die an der Sitzung/Hauptverhandlung teilgenommen haben.[223]

Das Rubrum könnte etwa wie folgt lauten:

Muster: Rubrum

Amtsgericht/Landgericht

Az.:...

Im Namen des Volkes

Urteil

In der Strafsache

gegen ...

   geb. am ...,

   wohnhaft in ...

   ...

Verteidiger: Rechtsanwalt/in ... ,

wegen Körperverletzung u.a.

hat das Amtsgericht/Landgericht ...

in der öffentlichen Sitzung am ....

an der teilgenommen haben

Richter/in ... als Strafrichter/in,

Oberstaatsanwalt/in/Staatsanwalt/in ... als Vertreter/in der Anklagebehörde,

Rechtsanwalt/in ... als Verteidiger/in,

... als Urkundsbeamter der Geschäftsstelle sowie

als Neben- und Adhäsionskläger Name, wohnhaft ...,... mit Nebenklägervertreter/in ... aus ...

für Recht erkannt:

...

151 Zu beachten ist, dass der Adhäsionskläger bei (teilweisem) Erfolg seines Adhäsionsantrages einen Titel erhält, der vollstreckbar sein muss. Deshalb sind zusätzlich die §§ 313, 750 ZPO zu beachten. § 313 I Nr. 1 ZPO schreibt daher für das zivilrechtliche Urteil die Bezeichnung der Parteien, ihrer gesetzlichen Vertreter und der Prozess-

---

223 Meyer-Goßner, § 275 Rn 26.

bevollmächtigten vor. Nach § 750 I ZPO darf die Zwangsvollstreckung nur beginnen, wenn Gläubiger und Schuldner in dem Urteil oder in der ihm beigefügten Vollstreckungsklausel namentlich bezeichnet sind. Der Vollstreckungstitel muss nämlich vollstreckungsfähig sein, dh mit genügender Bestimmtheit Inhalt und Umfang sowie die Parteien der Zwangsvollstreckung festlegen. Dementsprechend müssen die Parteien – hier also der Adhäsionskläger – (Gläubiger) und der Angeklagte (Schuldner) – im Titel selbst oder in der Vollstreckungsklausel aufgeführt sein. Grundsätzlich geschieht dies dadurch, dass der Adhäsionskläger nicht nur mit seinem Namen, sondern auch mit seiner Adresse genannt wird. Dies bedeutet: der Familienname, Vorname, Wohnort mit Straße und Hausnummer sind zu nennen.[224] Soweit der Adhäsionskläger aber ein besonderes Interesse an der Geheimhaltung seiner Anschrift hat, zB bei Stalking-Fällen oder im Bereich organisierter Kriminalität, kann von der Angabe der Anschrift des Adhäsionsklägers abgesehen werden. Die Bezeichnung der Person muss nur so genau sein, dass die Identität eindeutig festgestellt werden kann.[225] Die Identität kann zB dadurch zum Ausdruck gebracht werden, dass das Geburtsdatum und der Geburtsort des Adhäsionsklägers mit aufgenommen wird oder auch dadurch, dass dieser seine Arbeitsstelle[226] angibt.

2. Zahlungsurteil

Da im Adhäsionsverfahren nur vermögensrechtliche Ansprüche gegen den Beschuldigten geltend gemacht werden können, wird idR – soweit der Antrag nach dem Ergebnis der Hauptverhandlung begründet ist – ein Zahlungsurteil ergehen. Diese Entscheidung wird gemäß § 406 I 1 StPO im Strafurteil mit getroffen. Sie muss den Antragsteller, dem der Anspruch zugesprochen wird, benennen, klar zum Ausdruck bringen, zu welcher Leistung der Angeklagte verpflichtet wird und hierzu die tatsächliche Anspruchsgrundlage und die zivilrechtlichen Normen angeben[227].

Der Angeklagte wird also in der Regel zur Zahlung von Schadensersatz und/oder Schmerzensgeld verurteilt werden.

Die Kostenentscheidung richtet sich nach § 472a StPO. Sie ist ebenfalls im Urteil mit zu treffen (s. Rn 179 ff).

Die Adhäsionsentscheidung ist weiter zur Hauptsache (nicht hinsichtlich der Kosten) für vorläufig vollstreckbar zu erklären (vgl hierzu Rn 189 ff).

Muster: Grundtypen von Hauptsacheentscheidungen bei Zahlungsurteilen 152

Beispiel 1: Normalfall – Zahlungsanspruch des Adhäsionsklägers hat in vollem Umfang Erfolg
1. Strafrechtliche Verurteilung des Angeklagten
2. Der Angeklagte wird verurteilt, an den Kläger 5.000 € nebst Zinsen hieraus in Höhe von 5 Prozentpunkten über dem Basiszinssatz seit dem 3.4.2007 zu zahlen.

---

224 Siehe hierzu das Muster bei Plüür/Herbst, www.kammergericht.de, S. 8.
225 Thomas/Putzo-Putzo, § 750 Rn 3.
226 BGH Urteil v. 31.10.2000, – VI ZR 198/99 –.
227 KMR/Stöckel, § 406, Rn 2 mwN.

3. Der Angeklagte hat die Kosten des Verfahrens, seine notwendigen Auslagen sowie die dem Adhäsionskläger entstandenen besonderen Kosten und notwendigen Auslagen zu tragen [§§ 465, 472a I StPO].

4. Das Urteil zu 2. ist für den Adhäsionskläger gegen Sicherheitsleistung in Höhe von 110 % des gegen den Angeklagten zu vollstreckenden Betrages vorläufig vollstreckbar [§ 709 S 1 ZPO].

Beispiel 2: Verurteilung abzgl. einer Teilzahlung gemäß Antrag

1. Strafrechtliche Verurteilung des Angeklagten

2. Der Angeklagte wird verurteilt, an den Kläger 1.000 € nebst Zinsen hieraus in Höhe von 8 % p.a. seit dem 3.4.2007 abzüglich am 11.5.2006 gezahlter 500 € zu zahlen.

3. Der Angeklagte hat die Kosten des Verfahrens, seine notwendigen Auslagen sowie die dem Adhäsionskläger entstandenen besonderen Kosten und notwendigen Auslagen zu tragen [§§ 465, 472a I StPO].

4. Das Urteil zu 2) ist für den Adhäsionskläger vorläufig vollstreckbar. Der Angeklagte darf die Vollstreckung durch Sicherheitsleistung in Höhe von 110 % des gegen den Angeklagten aus Ziffer (2) des Urteils zu vollstreckenden Betrages abwenden, wenn nicht der Adhäsionskläger vor der Vollstreckung Sicherheit in gleicher Höhe leistet [§§ 708 Nr. 11, 711 ZPO].

Beispiel 3: Herausgabe eines Pkw gemäß Antrag.

1. Strafrechtliche Verurteilung des Angeklagten

2. Der Angeklagte wird verurteilt, an den Adhäsionskläger den Pkw Marke ..., Typ ..., Baujahr ..., amtliches Kennzeichen ..., Fahrgestellnummer ... nebst dazugehörigem Kraftfahrzeugschein und Kraftfahrzeugbrief herauszugeben.

3. Der Angeklagte trägt die Kosten des Verfahrens, seine notwendigen Auslagen sowie die dem Adhäsionskläger entstandenen besonderen Kosten und notwendigen Auslagen [§§ 465, 472a I StPO].

4. Das Urteil ist für den Adhäsionskläger gegen Sicherheitsleistung in Höhe von 3.000 € vorläufig vollstreckbar [§ 709 S 1 u. 2 ZPO].

3. Feststellungsurteil

153 Nach ganz herrschender Meinung ist im Adhäsionsverfahren auch ein Feststellungsantrag zulässig, wenn der Verletzte beispielsweise seinen Schaden noch nicht beziffern kann, er aber – etwa wegen drohender Verjährung – ein rechtliches Interesse im Sinne des § 256 I ZPO an der baldigen Entscheidung zum Anspruchsgrund hat.[228] In der Regel wird der Feststellungsantrag nicht allein gestellt werden, sondern im Zusammenhang mit einem Leistungsantrag. Meistens wird der Kläger einen Antrag auf Zahlung eines Schmerzensgeldes (Leistungsantrag) mit einem Antrag auf Feststellung

---

228 Plüür/Herbst, NJ 2005, 153.

der Verpflichtung zum Ersatz aller weiteren Schäden, welche auf das Schadensereignis zurückgehen, verbinden. Auf diese häufig vorkommende Verbindung von Leistungsklage und Feststellungsklage wird im nächsten Abschnitt unter 4. gesondert eingegangen.

Muster Feststellungsurteil

1. Strafrechtliche Verurteilung des Angeklagten.
2. Es wird festgestellt, dass der Angeklagte verpflichtet ist, dem Adhäsionskläger alle infolge der Schlägerei vom 11. Mai 2007 in der Gaststätte „Zur Emsbrücke" Wiesenstraße 12 in Meppen erwachsenen materiellen und immateriellen Schäden, soweit sie nicht auf Sozialversicherungsträger übergegangen sind, zu ersetzen.
3. Der Angeklagte hat die Kosten des Verfahrens, seine notwendigen Auslagen sowie die dem Adhäsionskläger entstandenen besonderen Kosten und notwendigen Auslagen zu tragen [§ 465, 472a I StPO].

[Ein Ausspruch zur vorläufigen Vollstreckbarkeit entfällt, weil der Feststellungstenor keinen vollstreckungsfähigen Inhalt hat].

4. Grund- und Teilurteil

§ 406 I 2 StPO eröffnet die Möglichkeit bezüglich des im Adhäsionsverfahren geltend gemachten Anspruchs ein Grundurteil (§ 304 ZPO) oder/und ein Teilurteil (§ 301 ZPO) zu erlassen. Das nach § 304 II ZPO durchzuführende Betragsverfahren überlässt die Vorschrift dem zuständigen Zivilgericht (§ 406 III 3 StPO). Diese Verzahnung mit dem zivilprozessualen Verfahren bedeutet, dass im Adhäsionsverfahren für die Zulässigkeit des Grundurteils grundsätzlich dieselben rechtlichen Voraussetzungen vorliegen müssen, die auch nach der Zivilprozessordnung gelten.[229]

Es sollen im Folgenden zunächst die Voraussetzungen und Wirkungen eines Grund- und Teilurteils dargelegt werden:

a) Grundurteil

Nach § 304 I ZPO kann das Gericht vorab über den Grund entscheiden, wenn ein Anspruch nach Grund und Betrag streitig ist und lediglich der Streit über den Anspruchsgrund entscheidungsreif ist.

aa) Die Voraussetzungen sind:

- Anspruch auf Zahlung bezifferter Geldschuld oder auf Leistung anderer vertretbarer der Höhe nach summenmäßig bestimmter Sachen.
- Grund und Betrag müssen streitig sein.
- Der Streit über den Grund muss entscheidungsreif sein; die Höhe darf noch nicht spruchreif sein.[230]

---

[229] SK-StPO/Velten, § 406 Rn 4.
[230] Thomas/Putzo-Reichold, § 304 Rn 2-4.

Dieser Grundsatz (Entscheidungsreife zum Grund des Anspruchs bei fehlender Spruchreife zur Höhe) muss auch im Adhäsionsverfahren gelten.

Zum Grund gehören:

- Die Zulässigkeit der Klage (hier auch des Adhäsionsantrages)
- Alle anspruchsbegründenden Tatsachen
- Gegen den Anspruchsgrund dürfen keine berechtigten Einwendungen bestehen (Aufrechnung, Verjährung, mitwirkendes Verschulden).[231]

156 Soweit die vorgenannten Voraussetzungen für den Erlass eines Grundurteils nicht vorliegen, darf der Strafrichter dennoch ein Grundurteil erlassen, soweit das Absehen von einer Entscheidung nach § 406 I 3–6 StPO möglich ist. Insofern dürfte der Erlass eines Grundurteils auch dann möglich sein, wenn die Voraussetzungen des § 304 ZPO, zB die fehlende Spruchreife, nicht vorliegen. Der Erlass eines Grundurteils dürfte möglich sein, soweit ansonsten das Absehen von einer Entscheidung in Betracht käme.[232] Der Bundesgerichtshof hat in seinem Beschluss vom 21.8.2002[233] ausgeführt, der allg. zivilprozessuale Grundsatz – kein Grundurteil bei Entscheidungsreife – würde durch § 405 StPO (aF) modifiziert, falls der Tatrichter auch dann, wenn Entscheidungsreife bestehe, einen Ausspruch über den Betrag ablehnen könne, die Ablehnung der Durchführung des Betragsverfahrens stelle sich unter dem Gesichtspunkt des „ErstRecht-Schlusses" als der geringere Eingriff dar. Wenn dem Tatrichter schon erlaubt sei, bei fehlender Eignung von einer Entscheidung über den Entschädigungsantrag im Strafverfahren insgesamt abzusehen, dann könne ihm die weniger weitgehende Ablehnung der Bestimmung nur der Anspruchshöhe nicht verwehrt werden.

157 Diese Ausführungen des Bundesgerichtshofes dürften – zumindest was die Geltendmachung von Schmerzensgeldansprüchen betrifft – überholt sein. Nach § 406 I 6 StPO ist das Absehen von einer Entscheidung bei vom Antragsteller geltend gemachten Schmerzensgeldansprüchen nur zulässig, soweit die Voraussetzungen des § 406 I 3 StPO vorliegen. Der Antrag muss also unzulässig oder unbegründet sein. Dementsprechend kommt jedenfalls bei Schmerzensgeldansprüchen der Erlass eines Grundurteils nur dann in Betracht, wenn die Höhe des Anspruchs noch nicht feststellbar, mithin noch nicht spruchreif ist.

Muster: Grundurteile

Beispiel 1: Volle Haftung des Angeklagten dem Grunde nach:

1. Strafrechtliche Verurteilung des Angeklagten
2. Es wird festgestellt, dass der Adhäsionsantrag des Adhäsionsklägers dem Grunde nach gerechtfertigt ist, soweit der Anspruch nicht auf Sozialversicherungsträger oder sonstige Dritte übergegangen ist.

Im Übrigen wird von einer Entscheidung abgesehen.

---

[231] Thomas/Putzo-Reichold, § 304 Rn 5-10.
[232] BGH, Beschl. v. 21.8.2002, – 5 StR 291/02 –.
[233] BGH, – 5 StR 291/02 –.

3. Der Angeklagte hat die Kosten des Verfahrens, seine notwendigen Auslagen sowie die dem Adhäsionskläger entstandenen besonderen Kosten und notwendigen Auslagen zu tragen. [§ 465, 472 a II StPO, vgl hierzu Ziff. 7 dieses Abschnitts – Kosten]

[Ein Ausspruch zu vorläufigen Vollstreckbarkeit entfällt, da kein vollstreckungsfähiger Inhalt vorliegt.]

Beispiel 2: Hälftige Mithaftung des Verletzten

1. Strafrechtliche Verurteilung des Angeklagten.
2. Der Adhäsionsantrag ist dem Grunde nach zur Hälfte gerechtfertigt, soweit der Anspruch nicht auf Sozialversicherungsträger oder sonstige Dritte übergegangen ist.

Im Übrigen wird von einer Entscheidung abgesehen.

3. Der Angeklagte hat die Kosten des Verfahrens und seiner notwendigen Auslagen zu tragen. Von den dem Adhäsionskläger entstandenen besonderen Kosten und den dem Adhäsionskläger und dem Angeklagten wegen des Adhäsionsantrages entstandenen notwendigen Auslagen tragen der Adhäsionskläger und der Angeklagte je die Hälfte. [§ 472a II StPO]

[Der Ausspruch zur vorläufigen Vollstreckbarkeit entfällt, da die Entscheidung in Ziff. 2. des Urteils keinen vollstreckungsfähigen Inhalt hat.]

Bei Urteilen über Schmerzensgeld hält die Rechtsprechung teilweise eine Quotierung, zB die Hälfte des angemessenen Schmerzensgeldes, für zulässig; teilweise den Ausspruch, dass ein angemessenes Schmerzensgeld unter Berücksichtigung des Mithaftungsanteils des Verletzten geschuldet wird.[234]

bb) Wirkung des Grundurteils:

Dem Grundurteil kommt die Bindungswirkung des § 318 ZPO zu. Das Zivilgericht, das über die Höhe des Anspruchs des Verletzten zu entscheiden hat, ist an das strafgerichtliche Urteil über den Grund gebunden. Gegenstand des Betragsverfahrens ist mithin die Höhe des Anspruchs. Einwendungen, die den Grund des Anspruchs betreffen, sind im Betragsverfahren ausgeschlossen. Zu berücksichtigen sind allerdings Einwendungen, die erst nach Schluss der mündlichen Verhandlungen über den Grund entstanden sind.[235]

b) Teilurteil

Das Teilurteil gemäß § 301 ZPO ist ein Endurteil über einen Teil des Streitgegenstandes. Es ist zulässig, wenn dieser Teil selbständig zur Endentscheidung reif ist. Ein Teilurteil kommt insbesondere in Betracht bei

---

[234] Thomas/Putzo-Reichold, § 304 Rn 17 mwN.
[235] Zöller/Vollkommer, § 304 Rn 24 mwN.

- kumulativer Anspruchshäufung
- einem einheitlichen Anspruch nur, wenn wegen des Restes ein Grundurteil ergeht. Damit ist die Gefahr widersprüchlicher Entscheidungen beseitigt.
- Der einheitliche Anspruch muss teilbar, der zugesprochene Teil muss quantitativ abgrenzbar und eindeutig individualisierbar sein[236].

c) Problem: Grundurteil und unbezifferter Feststellungsantrag für die Zukunft (Schmerzensgeldansprüche)

160 Gerade im Adhäsionsverfahren, in dem der Verletzte häufig Schmerzensgeldansprüche geltend macht, entsteht die besondere Fallkonstellation, dass der Verletzte einen unbezifferten Leistungsantrag mit einem unbezifferten Feststellungsantrag verbindet. Hier stellt sich dann für den Strafrichter die Frage, ob – und wenn ja – für welchen Antrag der Erlass eines Grundurteils in Frage kommt. Wichtig ist hier zunächst, zwischen einem unbezifferten Feststellungsantrag und einem unbezifferten Zahlungsantrag zu unterscheiden.[237] Im Adhäsionsverfahren wäre dann im Übrigen gemäß § 406 I 3 StPO von einer Entscheidung abzusehen. Da der Adhäsionskläger in der Regel nur einen Mindestbetrag nennt, aber keine Obergrenze angibt, ist das Gericht in seinem Ermessen nach oben frei und an der Zuerkennung eines die Mindestsumme auch erheblich übersteigenden Betrages nicht gehindert.[238]

Ein Grundurteil bezüglich des geltend gemachten Schmerzensgeldanspruchs auf Zahlung eines in das Ermessen des Gerichts gestellten Schmerzensgeldes ist mithin – bei Vorliegen der Voraussetzungen des § 304 I ZPO (lediglich der Streit über den Anspruchsgrund ist entscheidungsreif) – zweifelsfrei zulässig. Das Prozessziel ist hier nämlich eindeutig auf Zahlung gerichtet. Ein unbezifferter Zahlungsantrag ist nämlich ein lediglich in der Höhe nicht bestimmter Leistungsantrag. Hier bleibt nur der Klageantrag, nicht aber der Anspruch selbst unbeziffert.[239]

Probleme bereitet ein unbestimmter Feststellungsantrag. Ein Grundurteil über einen unbezifferten Feststellungsantrag scheidet schon wesensmäßig aus.[240] Hier fehlt es nämlich an einem Streit zur Höhe des Anspruchs.

Nach der Rechtssprechung des Bundesgerichtshofes kommt der Erlass eines Grundurteils demnach in Betracht, wenn die Klage auch zu einem Ausspruch über die Höhe führen soll. Maßgeblich ist das Prozessziel. Ist dieses – jedenfalls auch – auf einen Zahlbetrag gerichtet, ist der Erlass eines Grundurteils möglich.[241] Hat der Kläger mit der Leistungsklage auf beziffereten Schadensersatz zugleich den Antrag auf Feststellung der Verpflichtung zum Ersatz allen weiteren Schadens verbunden, kann kein umfassendes Grundurteil ergehen; richtig ist hier der Erlass eines Grundurteils hinsichtlich der Leistungsklage und gegebenenfalls ein stattgebendes Teilendurteil hinsichtlich der Feststellungsklage.

---

236 Thomas/Putzo-Reichold, § 301 Rn 1-2a.
237 PWW/Medicus, § 253 Rn 2, BGH, NJW 2002, 3769.
238 BGHZ 132, 341, 352 in NJW 1996, 2425, 2427.
239 BGH, Beschl. v. 21.8.2002, – 5 StR 291/02 –.
240 BGH, NJW 2000, 1572.
241 BGH, Beschl. v. 21.8.2002, – 5 StR 291/02 –.

VIII. Die Adhäsionsentscheidung im Urteil

Mithin ist der Erlass eines Grundurteils möglich, wenn der Adhäsionskläger einen Leistungsantrag mit einem Feststellungsantrag kombiniert: Der Adhäsionskläger kann den Antrag auf Zahlung eines angemessenen, in das Ermessen des Gerichts gestellten Schmerzensgeldes verbinden mit einem Antrag auf Feststellung, dass der Angeklagte verpflichtet ist, dem Adhäsionskläger alle aus dem Vorfall vom ... künftig noch entstehende Schäden zu ersetzen, soweit dieser Anspruch nicht auf Sozialversicherungsträger oder sonstige Dritte (zB nach VVG oder § 6 EntgeltFortZG) übergegangen ist. Dann kann bzgl des Klageantrags zu 1 (Zahlung von Schmerzensgeld) ein Grundurteil und bzgl des Klageantrags zu 2 (Feststellungsantrag) ein Teilurteil oder ein Endurteil ergehen. In diesem Fall fließen nämlich beide Klageziele, wenn nur über den Grund über eine Haftung für Schmerzensgeld entschieden werden soll, in das dann zu erlassende Grundurteil ein.

Problem: Mitverschulden und Grundurteil/Feststellungsurteil

Schmerzensgeld ist grundsätzlich gemäß § 253 II BGB nach Billigkeitsgesichtspunkten zu bestimmen. Im Rahmen der Entschädigungsfestsetzung ist ein mitwirkendes Verschulden des Geschädigten zu berücksichtigen. Eine Quotierung im Urteilstenor erfolgt grundsätzlich nicht, weil ein etwaiges Mitverschulden lediglich als ein Gesichtspunkt in die umfassende Billigkeitsabwägung einfließt. Das Mitverschulden findet im Rahmen der Bemessung der Höhe des Schmerzensgeldes Berücksichtigung, ohne dass es dazu eines ausdrücklichen Ausspruchs im Tenor bedarf.

161

Eine Ausnahme hiervon wird jedoch dann zugelassen, wenn durch Grundurteil entschieden wird. Hier fehlt es nämlich an einer Feststellung zur Höhe des Schmerzensgeldes im Tenor, so dass das Mitverschulden im Tenor – ohne gesonderten Ausspruch – nicht berücksichtigt werden kann. Soweit also im Grundurteil über einen unbezifferten Feststellungsantrag entschieden wird, ist es so, dass die Festlegung des Mitverursachungsanteils nicht dem für das Betragsverfahren zuständigen Zivilgericht übertragen werden darf. Dies gilt insbesondere für den Schmerzensgeldanspruch, der in seiner Höhe ganz wesentlich durch die Vorgeschichte der Verletzungshandlung und die Persönlichkeitsstruktur der an der Auseinandersetzung beteiligten Personen beeinflusst wird. Schon aus Gründen der Prozessökonomie wird deshalb die für das Grundurteil notwendige Aufklärung des Tathergangs auch zu einer Bewertung der Verantwortlichkeitsbereiche führen müssen. Die eingehende Untersuchung der Tat durch das Strafgericht, die nach § 244 II StPO auf alle für die Entscheidung bedeutsamen Beweismittel zu erstrecken ist, bietet dafür eine optimale Tatsachengrundlage. Eine Verteilung von Verschuldens- und Mitverschuldensanteilen kann deshalb am sinnvollsten hier wahrgenommen werden. Alle in Betracht kommenden Bemessungselemente sind deshalb auch im Adhäsionsverfahren für die Bestimmung des Mitverschuldens mit heranzuziehen.[242]

Möglich wäre nach der Rechtssprechung des Bundesgerichtshofes mithin nachfolgende Tenorierung:

162

---

[242] BGH, Beschl. v. 21.8.2002, – 5 StR 291/02 –, S. 3 mit Hinweis auf BGH, NJW 1997, 3176 f und BGH, VersR 1970, 624, 625.

Muster: Grund- und Teilurteil – Schmerzensgeld- und Zukunftsschaden –

1. Strafrechtliche Verurteilung des Angeklagten
2. Die Klage ist hinsichtlich des Klageantrages zu 1. dem Grunde nach unter Berücksichtigung eines Mitverschuldens des Adhäsionsklägers von 1/4 gerechtfertigt.
3. Es wird festgestellt, dass der Angeklagte verpflichtet ist, dem Kläger 3/4 des aus dem Vorfall vom 1.1.2007 künftig noch entstehenden Schadens zu ersetzen, soweit der Anspruch nicht auf Sozialversicherungsträger oder sonstige Dritte übergegangen ist.

Im Übrigen wird von einer Entscheidung abgesehen.

4. Der Angeklagte hat die Kosten des Verfahrens und seine notwendigen Auslagen zu tragen.Von den dem Adhäsionskläger entstandenen besonderen Kosten und den dem Adhäsionskläger und dem Angeklagten wegen des Adhäsionsantrages entstandenen notwendigen Auslagen trägt der Adhäsionskläger 1/4 und der Angeklagte 3/4.

[§ 465, 472 a I StPO: im Zivilprozess bleibt die Kostenentscheidung dem Schlussurteil vorbehalten – das geht im Adhäsionsverfahren nicht. Vielmehr sind die wegen des Adhäsionsverfahrens entstandenen Kosten zwischen den Beteiligten nach § 472 a StPO zu verteilen. Das Zivilgericht muss dann wegen der weiteren im Betragsverfahren entstandenen Kosten über diese nach zivilrechtlichen Grundsätzen entscheiden].

[Ein Ausspruch zur vorläufigen Vollstreckbarkeit entfällt, da die Entscheidung keinen vollstreckungsfähigen Inhalt hat].

5. Anerkenntnisurteil

a) Voraussetzungen für den Erlass eines Anerkenntnisurteils und Tenorierung

163 Durch das am 1.9.2004 in Kraft getretene OpferRRG wurde gem. § 406 II StPO der Erlass eines Anerkenntnisurteils – in Anlehnung an § 307 ZPO – ermöglicht. Damit ist die frühere Rechtsprechung des Bundesgerichtshofes überholt, wonach im Adhäsionsverfahren der Erlass eines Anerkenntnisurteils als unzulässig angesehen wurde.[243]

Soweit der Angeklagte den im Adhäsionsverfahren geltend gemachten Anspruch anerkennt, ist er dem Anerkenntnis gemäß zu verurteilen, § 406 II StPO. Zu prüfen hat der Strafrichter lediglich die Prozessvoraussetzungen, im Strafverfahren also die Zulässigkeit des Adhäsionsantrages; nicht dagegen die Schlüssigkeit und Begründetheit der mit dem Adhäsionsantrag geltend gemachten Schadensersatz- und/oder Schmerzensgeldklage.[244] Auch der Erlass eines Teilanerkenntnisurteils über einen selbständig anerkannten Teil des Streitgegenstandes ist bereits nach dem Gesetzeswortlaut möglich. Es bestehen auch keine Bedenken, wenn ein im Adhäsionsverfahren geltend gemachter Anspruch durch Anerkenntnis dem Grunde nach außer Streit gestellt wird (Anerkenntnis-Grundurteil).[245]

---

243 BGH, NStZ 1991, 198.
244 Thomas/Putzo-Reichold, § 307 Rn 10.
245 Zöller/Vollkommer, § 307 Rn 7.

Wegen des Rubrums, des Tenors und der Kosten besteht kein Unterschied zu einem streitigen Urteil. Insbesondere die Kosten des anerkannten Teils sind dem Angeklagten aufzuerlegen, da er verurteilt wird, § 472 a I StPO. Die Kostenregelung des § 472 a StPO ist abschließend. Für eine analoge Anwendung des § 93 ZPO (sofortiges Anerkenntnis) ist daher kein Raum. Eines Antrages eines Adhäsionsklägers auf Erlass eines Anerkenntnisurteils bedarf es nicht. Der Adhäsionskläger hat – genauso wie im Zivilprozess der Kläger – keinen Anspruch auf eine streitige Entscheidung.[246]

Das Anerkenntnisurteil ist nach § 708 Nr. 1 ZPO immer ohne Sicherheitsleistung für vorläufig vollstreckbar zu erklären; eine Abwendungsbefugnis nach § 711 ZPO ist nicht zugunsten des Angeklagten auszusprechen.

In den Entscheidungsgründen reicht der Hinweis, dass der Angeklagte gemäß dem Anerkenntnis zu verurteilen war (§ 313 b I ZPO entsprechend).

Fraglich ist ob das Anerkenntnisurteil in entsprechender Anwendung des § 313 b I ZPO als solches bezeichnet werden muss. Dies dürfte im Ergebnis zu verneinen sein. Das Anerkenntnisurteil ergeht im Strafverfahren. Im Strafverfahren ist das Urteil nach §§ 260, 267, 268, 275 StPO abzufassen. Hierbei bleibt es. Das Strafurteil ist gem. § 268 I StPO im Namen des Volkes zu verkünden. Es gelten die Formvorschriften der Strafprozessordnung und nicht die der Zivilprozessordnung; auch gegen den bürgerlich rechtlichen Teil des Urteils sind nur die Rechtsmittel nach der Strafprozessordnung zulässig, § 406 a II StPO.

b) Probleme, welche im Zusammenhang mit dem Erlass eines Anerkenntnisurteils im Adhäsionsverfahren entstehen können

Im Schrifttum werden immer wieder Bedenken gegen den Erlass eines Anerkenntnisurteils im Strafverfahren geäußert[247]. Die Bedenken gegen den Erlass eines Anerkenntnisurteils im Strafverfahren haben letztlich ihre Ursache darin, dass das Anerkenntnisurteil Ausfluss der im Zivilverfahren geltenden Dispositionsmaxime ist, während im Strafprozess die Offizialmaxime gilt. Der Zivilprozess unterliegt der Parteiherrschaft. Dies bedeutet, die Partei bestimmt u.a. auch den Umfang der rechtlichen Nachprüfung durch die Sachanträge, u.a. auch durch ein Anerkenntnis nach § 307 ZPO. Dieses ist grundsätzlich im Strafprozess nicht möglich. Der Gang und Inhalt des Verfahrens ist der Herrschaft der Beteiligten im Strafprozess weitgehend entzogen.

aa) Anerkenntnis als Geständnis des Angeklagten?

Für den Strafrichter kann sich somit die Frage stellen, ob das Anerkenntnis des Angeklagten ein Geständnis der ihm zur Last gelegten Tat darstellt. Dies ist im Ergebnis zu verneinen. Sowohl das Anerkenntnis als auch das Geständnis sind Prozesshandlungen. Das Anerkenntnis bezieht sich auf den geltend gemachten prozessualen Anspruch, es nimmt dem Gericht die rechtliche Prüfung des Anspruchs ab.[248] Das Ge-

---

246 Thomas/Putzo-Reichold, § 307 Rn 11.
247 Hilger, Berichte über das Opferrechtsreformgesetz, GA 2004, 478 ff, S. 485, Neuhaus, Das Opferrechtsreformgesetz 2004, StV 2004, 620 ff, 626.
248 Thomas/Putzo-Reichold, § 307 Rn 1 sowie § 288 Rn 1.

ständnis bezieht sich auf Tatsachen – es nimmt dem Gericht im Zivilprozess die Prüfung der Wahrheit einer Behauptung ab (§ 288 ZPO). Im Strafprozess unterliegt das Geständnis dem Grundsatz der freien Beweiswürdigung. Das Anerkenntnisurteil im Adhäsionsverfahren bezieht sich – so wie im Zivilprozess – nur auf den geltend gemachten prozessualen Anspruch im Adhäsionsverfahren, hat also keinesfalls zur Folge, dass die dem Angeklagten zur Last gelegte Tathandlung als zugestanden gilt.[249]

166 In der Regel wird das Anerkenntnis des geltend gemachten Adhäsionsantrages allerdings damit einhergehen, dass der Angeklagte wenigstens einen Teil der ihm zur Last gelegten Taten einräumen wird, wobei diese bereits die Tatbestandsmerkmale der §§ 823, 253 II BGB erfüllen. Möglicherweise räumt der Angeklagte ein, die Tatbestandsmerkmale nach § 823 I BGB erfüllt zu haben, nicht aber die der gefährlichen Körperverletzung gem. § 224 StGB. Insofern wäre hierüber trotz des Anerkenntnisses des mit dem Adhäsionsantrag geltend gemachten Anspruchs Beweis zu erheben. In Bezug auf die strafrechtliche Verurteilung des Angeklagten bleibt es bei dem Grundsatz der Amtsaufklärung sowie der freien Beweiswürdigung (§§ 244 II, 262 StPO). Nur in Bezug auf die Anerkennung des Adhäsionsantrages wird dem Gericht – ohne jedes Ermessen – auferlegt, den Angeklagten nach dem Anerkenntnis zu verurteilen. Da im Falle des Anerkenntnisses die Schlüssigkeit und Begründetheit des geltend gemachten Schadensersatz- und/oder Schmerzensgeldanspruchs durch das Gericht nicht geprüft wird, ist der Angeklagte bei Vorliegen der prozessualen Voraussetzungen dem Anerkenntnis gemäß zu verurteilen. Bezüglich der ihm zur Last gelegten Tat ist, soweit der Angeklagte den Tatvorwurf nicht eingestanden hat, Beweis zu erheben. In ein Geständnis bezüglich des Tatvorwurfs kann ein Anerkenntnis nicht umgedeutet oder ausgelegt werden. Etwas anderes gilt auch dann nicht, wenn der Angeklagte den geltend gemachten Schmerzensgeld- oder Schadensersatzanspruch nur „dem Grunde nach" anerkennt.

bb) Verhältnis § 406 I 1 und 3 StPO zu § 406 II StPO

167 Weitere Bedenken gegen den Erlass eines Anerkenntnisurteils können sich dann ergeben, wenn der Angeklagte letztlich wegen der ihm zur Last gelegten Tat freigesprochen wird, den geltend gemachten Schadensersatz- oder Schmerzensgeldanspruch aber anerkannt hat. Hier stellt sich die Frage, ob § 406 I 1 StPO dem Erlass eines Anerkenntnisurteils entgegensteht. Bereits aus dem Gesetzeswortlaut des § 406 I 1 StPO ergibt sich aber, dass der Erlass eines Anerkenntnisurteils gem. § 406 II StPO auch dann möglich ist, wenn der Angeklagte wegen der Tat freigesprochen wird. § 406 I 1 StPO setzt eine Begründetheitsprüfung voraus. Danach gibt das Gericht dem Antrag statt, soweit der Antrag wegen der Straftat, wegen derer der Angeklagte schuldig gesprochen oder gegen ihn eine Maßregel der Besserung oder Sicherung angeordnet wird, begründet ist. Im Fall des Anerkenntnisurteils findet gerade keine Begründetheitsprüfung statt. Hieraus folgt, dass beide Vorschriften unabhängig voneinander unterschiedliche Fallgestaltungen regeln. Dies bedeutet, dass im Falle des Anerkenntnisses § 406 I 1 StPO nicht zur Anwendung kommt. Dasselbe gilt für § 406 I 3 StPO.

---

[249] A.A.: Loos, GA 2006, 195 ff, 202.

Im Falle des Anerkenntnisses prüft das Gericht die Begründetheit des mit dem Adhäsionsantrag geltend gemachten Anspruches gerade nicht.

cc) Das Anerkenntnis in der Rechtsmittelinstanz

Schließlich stellt sich die Frage, unter welchen Voraussetzungen die Verurteilung des Angeklagten zur Zahlung von Schadensersatz und/oder Schmerzensgeld aufgrund eines von ihm erklärten Anerkenntnisses im Adhäsionsverfahren wieder aufgehoben werden kann. Die einschlägige Vorschrift hierzu ist § 406 a II StPO. Danach kann der Angeklagte das Urteil nur mit den Rechtsmitteln der Strafprozessordnung anfechten, wobei die Anfechtung insgesamt oder unter Beschränkung auf den strafrechtlichen oder den ihn beschwerenden bürgerlich-rechtlichen Teil erfolgen kann.[250] Diese Vorschrift gilt auch für das im Adhäsionsverfahren ergangene Anerkenntnisurteil. In diesem Zusammenhang ist zu bedenken, dass es sich bei dem Anerkenntnis um eine grundsätzlich unwiderrufliche Prozesshandlung handelt. Anfechtung und Kondiktion des Anerkenntnisses sind nicht möglich.[251] Ein Anerkenntnis kann nach ständiger Rechtsprechung des Bundesgerichtshofes nur widerrufen werden, wenn es von einem Restitutionsgrund im Sinne des § 580 ZPO betroffen ist, aufgrund dessen das Urteil, das auf dem Anerkenntnis beruht, mit der Wiederaufnahmeklage beseitigt werden könnte.[252] In der Literatur wird auch die Meinung vertreten, dass ein Anerkenntnis widerrufen werden kann, wenn die Voraussetzungen einer Abänderungsklage nach § 323 ZPO vorliegen.[253]

168

Teilweise wird in der Literatur die Auffassung vertreten, § 406 a III StPO käme dann zur Anwendung, wenn die strafrechtliche Verurteilung des Angeklagten in der Rechtsmittelinstanz aufgehoben wird.[254] Dieser Auffassung wird hier nicht gefolgt. Aus den bereits dargelegten Gründen (keine Begründetheitsprüfung und keine streitige Entscheidung über den Adhäsionsantrag) dürfte eine entsprechende Anwendung des § 406 a III StPO auf das Anerkenntnisurteil ausscheiden. § 406 a III StPO setzt eine streitige Entscheidung voraus. Diese liegt im Falle des Anerkenntnisurteils gerade nicht vor. Das Anerkenntnisurteil stützt sich auch nicht auf die Verurteilung wegen der Straftat, sondern steht selbständig neben ihr. Das Anerkenntnisurteil stützt sich allein auf die Prozesshandlung, nämlich das Anerkenntnis.

169

Muster: Anerkenntnisurteil

1. Strafrechtliche Verurteilung des Angeklagten.
2. Der Beklagte wird verurteilt, an den Adhäsionskläger ein Schmerzensgeld in Höhe von 2.000 Euro zu zahlen.
3. Der Angeklagte trägt die Kosten des Verfahrens, seine notwendigen Auslagen sowie die dem Adhäsionskläger entstandenen besonderen Kosten und notwendigen Auslagen.

---

250 Meyer/Goßner, § 406a Rn 5.
251 Thomas/Putzo-Reichold, § 307 Rn 8, Zöller/Vollkommer, Vor 306 Rn 6.
252 BGH, NJW 1993, 1717 ff, 1719.
253 BGH, NJW 1993,1719.
254 So Neuhaus, StV 2004, 620 ff, 626.

4. Das Urteil ist für den Adhäsionskläger wegen des vom Angeklagten zu zahlenden Schmerzensgeldes vorläufig vollstreckbar.

6. Tatbestand und Entscheidungsgründe

170 Die dem Adhäsionsantrag stattgebende Entscheidung kann nur in einem Strafurteil ergehen, § 406 I 1, 2 StPO. Dies kann ein Endurteil, Anerkenntnisurteil, Grundurteil, Teilurteil oder Feststellungsurteil bzw eine Kombination der genannten Urteilstypen sein.

Eines Tatbestandes wie in einem zivilrechtlichen Urteil bedarf es nicht. Für die Abfassung des Urteils gelten nämlich die strafprozessrechtlichen Regeln, nicht die Zivilprozessordnung. Die Urteilsgründe müssen demgemäß nach § 267 I StPO die Tatsachen angeben, die das Gericht für erwiesen erachtet.[255] Darüber hinaus sind alle weiteren Feststellungen zu treffen, die für die Entscheidung des Adhäsionsantrages notwendig sind. Dies ist insbesondere auch deshalb unumgänglich, damit eine revisionsrechtliche Überprüfung möglich ist. Ausführungen über Behauptungen und Bestreiten, Unstreitigkeit und Beweislast sind entbehrlich.[256] Entsprechend § 267 II StPO müssen zudem die angewendeten zivilrechtlichen Rechtsvorschriften angegeben werden, dh anspruchsbegründende und -hindernde Vorschriften. Die in § 267 I, III 1 StPO für strafrechtliche Verurteilungen normierte Begründungspflicht gilt auch für die im Strafurteil getroffene Entscheidung über zivilrechtliche Ansprüche.[257] Die Parteien sollen im Adhäsionsverfahren nicht schlechter gestellt werden als im Zivilprozess. Im Zivilprozess ist gemäß § 313 I Nr. 6 ZPO in den Entscheidungsgründen der Rechtssatz anzugeben, der die Entscheidung trägt.

Dies bedeutet: In den den Adhäsionsantrag betreffenden zusprechenden Entscheidungsgründen hat der Strafrichter darzulegen, warum die nach strafprozessualen Grundsätzen festgestellten Tatsachen die anspruchsbegründenden Voraussetzungen der zivilrechtlichen Anspruchsgrundlage ausfüllen. Hier kann auf die strafrechtliche Subsumtion verwiesen werden. Im Übrigen sind die Anspruchsvoraussetzungen, soweit sich die zivilrechtlichen Tatbestandsmerkmale von den strafrechtlichen unterscheiden bzw über diese hinaus gehen, zu erörtern. Schließlich muss der Strafrichter sich mit etwaigen Einwendungen des Angeklagten (Aufrechnung, Zurückbehaltungsrecht etc.) auseinandersetzen.

171 Da in der Praxis die revisionsfeste Begründung von Schmerzensgeldansprüchen besondere Schwierigkeiten bereitet, soll im Nachfolgenden auf diese eingegangen werden:

Der Schmerzensgeldanspruch folgt auch im Rahmen des Adhäsionsverfahrens aus § 253 II BGB. Danach kann wegen einer Verletzung des Körpers, der Gesundheit, der Freiheit oder der sexuellen Selbstbestimmung wegen des Schadens, der nicht Vermögensschaden ist, eine billige Entschädigung in Geld gefordert werden. Die „Verletzung des Körpers, der Gesundheit oder Freiheit" entsprechen den gleichen Merkma-

---

[255] SK-StPO/Velten, § 406 Rn 2.
[256] Löwe-Rosenberg/Hilger, § 406 Rn 3.
[257] SK-StPO/Velten, § 406 Rn 2; KMR-Stöckel, § 406 Rn 3; aA Meyer-Goßner, § 406 Rn 2.

len wie in § 823 I BGB. Die „Verletzung der sexuellen Selbstbestimmung" entspricht dem neugefassten § 825 BGB. Als Anspruchsgrundlagen kommen in Betracht die §§ 823 I sowie § 823 II BGB in Verbindung mit einem Schutzgesetz.

Nach § 823 I BGB ist derjenige zum Schadensersatz verpflichtet, der vorsätzlich oder fahrlässig das Leben, den Körper, die Gesundheit, die Freiheit ... eines anderen verletzt. Danach muss der Schädiger die Verletzung verursacht haben – die Handlung muss für den Verletzungserfolg kausal gewesen sein (haftungsbegründende Kausalität); darüber hinaus muss die Handlung widerrechtlich und schuldhaft sein. Die Widerrechtlichkeit ist grundsätzlich bei Verletzung der genannten Rechtsgüter gegeben, es sei denn, es liegt ein Rechtfertigungsgrund, zB Notwehr (§ 227 BGB) vor. Das Verschuldenserfordernis setzt Verschuldensfähigkeit (§§ 827, 828 BGB) sowie bezüglich des Verschuldensgrades Vorsatz oder jede Art von Fahrlässigkeit (§ 276 BGB) voraus. Wichtig ist hier zu beachten, dass sich die Verschuldensfähigkeit nach §§ 827 f BGB richtet und nicht nach der strafrechtlichen Schuldfähigkeit.

Rechtsfolge ist die Verpflichtung Schadensersatz und/oder Schmerzensgeld zahlen zu müssen. Auch bezüglich des Schadens muss ein Kausalzusammenhang zwischen Rechtsgutverletzung und Schaden gegeben sein (haftungsausfüllende Kausalität). Im Rahmen des Schadensausgleichs nach §§ 249 ff BGB ist ein Mitverschulden des Geschädigten gem. § 254 BGB zu berücksichtigen.

Im Adhäsionsverfahren liegt als Anspruchsgrundlage § 823 II BGB in Verbindung mit einem Schutzgesetz nahe. Zu den Schutzgesetzen zählen nämlich insbesondere viele Normen des Strafrechts, insbesondere die Strafnormen über vorsätzliche und fahrlässige Tötung, §§ 211 ff StGB, sowie die Vorschriften betreffend die Körperverletzungsdelikte, §§ 223 ff StGB. Soweit der Angeklagte sich strafbar gemacht hat, ist die haftungsbegründende Kausalität sowie die Rechtswidrigkeit gegeben.

Zu beachten ist auch hier, dass die Verurteilung wegen eines Schmerzensgeldes auch dann in Betracht kommt, wenn eine Verurteilung in Ermangelung einer Schuldfähigkeit des Täters nicht erfolgen konnte. Die Verschuldensfähigkeit richtet sich nämlich nach den §§ 827, 828 BGB. Bei der Subsumtion des Sachverhalts unter die zivilrechtlichen Anspruchsgrundlagen ist stets zu beachten, dass das Gericht an die materiellzivilrechtliche Beweislastverteilung gebunden ist. Damit kommt eine Übertragung des Grundsatzes „in dubio pro reo" auf das Adhäsionsverfahren nicht in Betracht, denn dies hieße letztlich zweierlei Recht im Adhäsionsverfahren und im Zivilverfahren zu praktizieren.[258] Der Angeklagte kann also nach §§ 823, 827 BGB auch dann für den Schaden verantwortlich sein, wenn er nicht beweisen kann, dass er zum Tatzeitpunkt unzurechnungsfähig war. Insoweit trägt er die Beweislast. Dies bedeutet, dass der Angeklagte auch bei Freispruch wegen nicht ausschließbarer Schuldunfähigkeit zur Zahlung eines Schmerzensgeldes an den Verletzten verurteilt werden kann.[259]

Bei der Bemessung der Höhe des Schmerzensgeldes, welche nach Billigkeitsgesichtspunkten zu bestimmen ist, sollten nachfolgende Aspekte mit in die Ermessensentscheidung einfließen:

172

---

258 SK-StPO/Velten, § 404 Rn 12.
259 LG Berlin, NZV 2006, 389–400.

173 ■ Die Doppelfunktion des Schmerzensgeldes:
– Das Schmerzensgeld hat nach der Rechtssprechung des Bundesgerichtshofes eine doppelte Funktion.[260] Der Verletzte soll einen Ausgleich für erlittene Schmerzen und Leiden erhalten (Ausgleichsfunktion). Das Schmerzensgeld soll den Verletzten in die Lage versetzen, sich Erleichterungen und Annehmlichkeiten zu verschaffen, die die erlittenen Beeinträchtigungen jedenfalls teilweise ausgleichen. Darüber hinaus soll das Schmerzensgeld dem Verletzten Genugtuung für das verschaffen, was ihm der Schädiger angetan hat (Genugtuungsfunktion). Dieser Funktion kommt bei Vorsatztaten besonderes Gewicht zu.[261]
– Im Rahmen der Ausgleichsfunktion kommt es auf die Intensität und die Dauer der erlittenen Beeinträchtigungen und Verletzungen an. Das Maß und die Dauer der Lebensbeeinträchtigung, Dauer der Schmerzen, Dauer der Behandlung und der Arbeitsunfähigkeit, die Übersehbarkeit des weiteren Krankheitsverlaufes, Fraglichkeit der endgültigen Heilung sind mögliche zu berücksichtigende Aspekte.

174 ■ Ein mitwirkendes Verschulden des Geschädigten
– Ein mitwirkendes Verschulden des Geschädigten ist nach § 254 BGB stets zu berücksichtigen. § 254 BGB liegt der allgemeine Rechtsgedanke zugrunde, dass der Geschädigte für jeden Schaden mitverantwortlich ist, bei dessen Entstehung er in zurechenbarer Weise mitgewirkt hat. Den Geschädigten trifft ein Mitverschulden, wenn er diejenige Sorgfalt außer Acht lässt, die jedem ordentlichen und verständigen Menschen obliegt, um sich vor Schaden zu bewahren. Der Geschädigte muss die ihm in eigenen Angelegenheiten obliegende Sorgfaltspflicht vorsätzlich oder fahrlässig verletzt haben. Voraussetzung ist aber grundsätzlich Vorhersehbarkeit und Vermeidbarkeit der Schädigung. Zum Verschulden gehört Zurechnungsfähigkeit, §§ 827, 828 BGB.[262]
– Bei einem Mitverschulden des Geschädigten hängt der Umfang der Ersatzpflicht bzw des Schmerzensgeldes, welches der Angeklagte zu zahlen hat, davon ab, inwiefern die Verletzung überwiegend von dem einen oder anderen Teil verursacht worden ist. Die Umstände des Falles sind zu würdigen und abzuwägen.[263]
– Eine Quotierung erfolgt nur im Rahmen eines Grundurteils, ansonsten fließt der Aspekt des Mitverschuldens lediglich als ein Gesichtspunkt in die umfassende Billigkeitsabwägung ein.[264]
– Mehrere Schädiger können als Gesamtschuldner verurteilt werden; Vorsatz oder andere nur zu Lasten eines Schädigers vorliegende Umstände können zu unterschiedlichen Beträgen führen.[265]

---

260 BGH, NJW 1995, 781.
261 Palandt-Heinrichs, § 253, Rn 11.
262 Palandt-Heinrichs, § 254 Rn 8-9.
263 Palandt-Heinrichs, § 254 Rn 59, 60, BGH, NJW 1998, 1137 [ständige Rechtsprechung].
264 BGH, NJW 2002, 3561.
265 Palandt-Heinrichs, § 253 Rn 17.

- Auf Seiten des Schädigers kann im Rahmen der Ermessensentscheidung noch ein vorsätzliches oder grob fahrlässiges Verhalten, eine bes. brutale Ausführung der Tat Berücksichtigung finden.
- Die wirtschaftlichen Verhältnisse von Täter und Opfer 175
  - Die Vermögens- und Einkommensverhältnisse der Beteiligten sind festzustellen; insbesondere dann, wenn das Schmerzensgeld sehr hoch ist. Die Verpflichtung zur Zahlung des zuerkannten Betrages darf für den Angeklagten keine unbillige Härte bedeuten.[266] Allerdings darf die fehlende Leistungsfähigkeit des Schädigers vor allem bei Vorsatztaten auch nicht dazu führen, dass dem Verletzten nur eine symbolische Entschädigung zuerkannt wird.[267]
- Schmerzensgeld bei Tötungsdelikten 176
  - Dem Erben des Getöteten steht ein Schmerzensgeldanspruch zu, soweit der Getötete vor dem Tod Schmerzen erlitten hat. Dies setzt voraus, dass der tödlich Verletzte zunächst noch eine nennenswerte Zeit gelebt hat.[268] Es kann dann kein eigener, sondern der vererbliche Schmerzensgeldanspruch für die vor dem Tod erlittenen Schmerzen durch den Erben geltend gemacht werden.
  - Angehörigen von Opfern steht ein eigener Anspruch auf Schmerzensgeld zu, wenn sie durch den Schock eine eigene Gesundheitsbeeinträchtigung erlitten haben.[269]
- Geringfügigkeitsgrenze 177
  - Der Anspruch auf Schmerzensgeld entfällt, wenn das Wohlbefinden des Verletzten nur kurzfristig und unerheblich beeinträchtigt worden ist, allerdings – wegen der Genugtuungsfunktion – nicht bei Vorsatztaten.
  - Unerhebliche Beeinträchtigungen sind in der Regel geringfügige Platz- und Schürfwunden,[270] Schleimhautreizungen,[271] leichte Prellungen und Blutergüsse, kurze Freiheitsentziehungen.[272]
- Feststellungsanspruch 178
  - Ein Feststellungsanspruch ist begründet, dh das Feststellungsinteresse ist zu bejahen, wenn die Entstehung eines zukünftigen materiellen und immateriellen Schadens möglich ist und der Schaden insoweit noch nicht anschließend beziffert werden kann.[273]

7. Kosten

Die Kostentragungspflicht regelt § 472 a StPO. 179

Die Rechtsfolgen des § 472 a I und II StPO sind in der Entscheidung, also in der Regel im Urteil besonders auszusprechen; im Fall der Ermessensentscheidung nach

---

266 BGH, Beschl. v. 14.10.1998, NJW 1999, 437.
267 Palandt-Heinrichs, § 253 Rn 20 mit Hinweis auf Köln, VersR 2002, 56.
268 PWW-Medicus, § 253 Rn 17.
269 Palandt-Heinrichs, § 253 Rn 12.
270 BGH, NJW 1993, 2173-2175.
271 BGH, NJW 1992, 1043.
272 Palandt-Heinrichs, § 253 Rn 24.
273 Thomas/Putzo-Reichold, § 256 Rn 14.

Rücknahme des Antrages gem. § 472 a II 1 iVm § 404 IV StPO durch selbständigen Beschluss.

a) § 472 a I StPO

180 Hat der Verletzte mit seinem Adhäsionsantrag in vollem Umfang Erfolg, so hat der Angeklagte die durch den Adhäsionsantrag entstandenen besonderen Kosten und die notwendigen Auslagen des Verletzten zu tragen. Die besonderen Verfahrenskosten folgen aus § 472 a I StPO iVm GKG-KV Nr. 6800. Die notwendigen Auslagen ergeben sich aus §§ 464 a II StPO iVm Nr. 4143, 4144 VVRVG iVm Vorb. 43 III VVRVG.

Zu beachten ist, dass ein voller Erfolg des Adhäsionsantrages bereits dann nicht mehr gegeben ist, wenn statt eines begehrten Leistungsurteils nur ein Feststellungs- und/oder Grundurteil ergeht.[274] Soweit also das Urteil hinter dem Antrag des Adhäsionsklägers zurückbleibt und das Urteil dementsprechend die Formulierung gem. § 406 I 3 StPO „im Übrigen wird von einer Entscheidung abgesehen" enthält, hat die Kostenentscheidung nach § 472 a II StPO zu erfolgen.

181 **Muster: Kostenentscheidung nach § 472 a I StPO**
1. Strafrechtliche Verurteilung
2. Verurteilung des Angeklagten entsprechend dem Adhäsionsantrag
3. Der Angeklagte hat die Kosten des Verfahrens und seine notwendigen Auslagen zu tragen. Darüber hinaus trägt er die durch das Adhäsionsverfahren entstandenen besonderen Kosten und die notwendigen Auslagen des Adhäsionsklägers.
4. Ausspruch zur vorläufigen Vollstreckbarkeit: vgl Muster Ziff. 8 dieses Abschnitts.

b) § 472 a II StPO

182 Soweit dem Antrag des Adhäsionsklägers nicht vollumfänglich stattgegeben wird, kommt § 472 a II StPO zur Anwendung.

Wird dem Antrag des Adhäsionsklägers nur zum Teil entsprochen, so entscheidet das Gericht nach pflichtgemäßem Ermessen, wer die insoweit entstandenen Auslagen des Gerichts und der Beteiligten trägt. Dies gilt auch soweit das Gericht mit einem Grund und/oder Teilurteil oder Feststellungsurteil hinter dem Antrag des Adhäsionsklägers zurückgeblieben ist.

Soweit dem Antrag des Adhäsionsklägers nicht entsprochen wird, hat eine dementsprechende Quotelung zu erfolgen. Bei unbezifferten Klageanträgen, zB Schmerzensgeldklagen ist zunächst der Streitwert festzusetzen. Eine Streitwertfestsetzung hat spätestens jetzt, bei Erlass des Urteils zu erfolgen, da sich nur so das Verhältnis des gegenseitigen Obsiegens und Unterliegens feststellen lässt. Auch für Verfahren, die sich nach der Strafprozessordnung richten, ist nämlich das Gerichtskostengesetz anzuwenden, §§ 1, 25 GKG. Die Streitwertfestsetzung folgt mithin nach §§ 3 ff ZPO iVm 12 ff GKG. Bei Ermessensanträgen (Schmerzensgeld) ist maßgebend der nach

---

[274] Meyer-Goßner, § 472 Rn 3.

§ 3 ZPO zu schätzende Betrag, der aufgrund des vom Kläger vorgetragenen Sachverhalts zuzusprechen wäre, wenn die Klage begründet ist. Ob ein angegebener Mindestbetrag die untere Grenze bildet, ist umstritten.[275] Eine Kostenquotelung erfolgt, soweit der zugesprochene Betrag unter dem vom Kläger (notwendigerweise)[276] angegebenen Mindestbetrag oder Eckwert oder außerhalb der von ihm angegebenen Größenordnung liegt.

§ 92 II ZPO kann entsprechend herangezogen werden.

Der Rechtsgedanke des § 92 II ZPO (bei verhältnismäßig geringfügiger Zuvielforderung trägt die im Wesentlichen unterlegene Partei die Kosten allein) sollte im Adhäsionsverfahren großzügig herangezogen werden, da der Adhäsionskläger im Adhäsionsverfahren, anders als im Zivilverfahren, nicht unterliegt. Vielmehr wird lediglich „im Übrigen von einer Entscheidung abgesehen." Vertretbar wäre, dem Angeklagten die gesamten Kosten des Adhäsionsverfahrens aufzuerlegen, soweit der Adhäsionskläger mit wenigstens 2/3 seines Adhäsionsantrages durchdringt. Ansonsten hätte der Adhäsionskläger evtl die Kosten des Adhäsionsverfahrens teilweise zu tragen, obwohl er letztendlich im nachfolgenden Zivilverfahren doch noch den von ihm bereits im Adhäsionsverfahren geltend gemachten Betrag voll zugesprochen bekommt. Dieses für den Adhäsionskläger unbillige Ergebnis der widersprüchlichen Kostenentscheidungen im Adhäsionsverfahren und im Zivilverfahren könnte durch eine großzügige Anwendung des § 92 II ZPO vermieden werden. Dem Angeklagten kann die Übernahme der Kosten zugemutet werden, da er das Verfahren durch sein Verhalten veranlasst hat. Es dürfte vertretbar sein, ihm die gesamten Kosten des Adhäsionsverfahrens aufzuerlegen, da dieses auch dem Grundsatz des § 465 StPO entspricht, welcher bestimmt, dass der Angeklagte die Kosten des Verfahrens insoweit zu tragen hat, als sie durch das Verfahren wegen einer Tat entstanden sind, wegen derer er verurteilt worden ist.

Auch bei Erlass eines Grundurteils (entgegen dem vom Adhäsionskläger gestellten Leistungsantrag) dürfte es vertretbar sein, den Rechtsgedanken des § 92 II ZPO großzügig heranzuziehen. Dem Adhäsionskläger sollte zugute kommen, dass er einen, auch für den Angeklagten günstigen Weg der Rechtsverfolgung gewählt hat, indem er seine Schadensersatz- und/oder Schmerzensgeldansprüche mit dem Adhäsionsverfahren im Strafprozess geltend macht.

Muster: Kostenentscheidung nach § 472 a II StPO:

1. Strafrechtliche Verurteilung des Angeklagten
2. Teilweise Verurteilung des Angeklagten nach Adhäsionsantrag (zB Antrag auf Zahlung eines Schmerzensgeldes in Höhe von „mindestens" 7.000 € (2.300 € werden zugesprochen).

Im Übrigen Absehen von einer Entscheidung über den Adhäsionsantrag des Klägers.

3. Der Angeklagte hat die Kosten des Verfahrens und seine notwendigen Auslagen zu tragen.

---

275 Thomas/Putzo-Putzo, § 3 Rn 63.
276 Vgl. BGH, NJW 1982, 340 f, BGH, NJW 1996, 2425 f.

Von den dem Adhäsionskläger entstandenen besonderen Kosten und den dem Adhäsionskläger und dem Angeklagten wegen des Adhäsionsantrages entstandenen notwendigen Auslagen trägt der Adhäsionskläger 70 % und der Angeklagte 30 %.

4. Das Urteil zu 2. ist für den Adhäsionskläger gegen Sicherheitsleistung in Höhe von 110 % des gegen den Angeklagten zu vollstreckenden Betrages vorläufig vollstreckbar [§ 709 S.1 ZPO].

Diese Art der Kostenverteilung dürfte die häufigste bei „Teilabweisung" (im Adhäsionsverfahren Absehen von einer Entscheidung) sein, da sie zu einer gerechten Kostenverteilung führt. Die Quote kann nach Bruchteilen oder Prozenten angegeben werden.

c) Auferlegung der gerichtlichen Auslagen auf die Staatskasse

185 Nach § 472 a II 2 StPO ist die Belastung der Staatskasse mit den gerichtlichen Auslagen möglich, soweit eine Belastung der Beteiligten „unbillig" wäre. Zu denken ist in erster Linie an die Fälle des § 406 I 4 – 5 StPO (§ 405 S. 2 aF). Soweit das Gericht eine Entscheidung über den Adhäsionsantrag ablehnt, weil es eine Entscheidung über diesen im Strafverfahren zB wegen zu befürchtender erheblicher Verfahrensverzögerung für ungeeignet hält, erscheint es angemessen, dass die Staatskasse die gerichtlichen Auslagen übernimmt.

Auch soweit das Gericht bezüglich eines im Adhäsionsverfahren geltend gemachten Schmerzensgeldanspruchs nur ein Grundurteil (statt des geltend gemachten „angemessenen" Schmerzensgeldes) erlässt und im Übrigen von einer Entscheidung (bzgl der Höhe des Anspruchs) absieht, können die gerichtlichen Auslagen (zum Teil) der Staatskasse auferlegt werden.

186 **Beispiel für eine Kostenentscheidung nach § 472 a II S 2 StPO**

Der Angeklagte hat die Kosten des Verfahrens und seine notwendigen Auslagen zu tragen. Die gerichtlichen Auslagen für das Adhäsionsverfahren trägt die Staatskasse. Im Übrigen tragen von den dem Adhäsionskläger entstandenen besonderen Kosten und den dem Adhäsionskläger und dem Angeklagten wegen des Adhäsionsverfahrens entstandenen notwendigen Auslagen 1/4 der Adhäsionskläger und 3/4 der Angeklagte.

d) Rechtsmittel

187 Der Angeklagte kann die Kostenentscheidung nach § 464 III S 1 StPO mit der sofortigen Beschwerde anfechten, soweit ihm Kosten und Auslagen auferlegt worden sind. Für die Adhäsionskläger ist eine Anfechtung ausgeschlossen, §§ 406 a I S 2 iVm 464 III S 1 2. Hs StPO (s.v. Rn 217). Dies gilt auch bei Antragsrücknahme nach § 404 IV StPO.[277] Danach kann der Verletzte eine nach § 472 a II StPO ergehende Auslagenentscheidung nicht mit der sofortigen Beschwerde anfechten, und zwar auch dann

---

277 OLG Düsseldorf v. 29.8.1988, – 1 WS 820/88 –, MDR 1989, 5ff.

nicht, wenn er seinen Antrag auf Entscheidung im Adhäsionsverfahren zurückgenommen hat.

8. Rechtskraft und vorläufige Vollstreckbarkeit
a) Rechtskraft

Nach § 406 III 1 StPO steht die Entscheidung über den Adhäsionsantrag einem im bürgerlichen Rechtsstreit ergangenen Urteil gleich. Dies bedeutet: Der Eintritt der Rechtskraft richtet sich nach der Strafprozessordnung, also zum Beispiel der Ablauf der Rechtsmittelfrist, Verzicht oder Rücknahme des Rechtsmittels; die Wirkung der Rechtskraft bestimmt sich dagegen nach der Zivilprozessordnung, dass heißt die §§ 322, 323, 325 ZPO finden Anwendung.[278] Die §§ 322 ff ZPO regeln die materielle Rechtskraft eines Urteils und seine Wirkung (§ 322 ZPO), die Voraussetzungen einer Abänderung des Urteils (§ 323) sowie die subjektive Rechtskraftwirkung des Urteils (§ 325).

188

§ 406a III StPO enthält eine besondere Beschränkung der Rechtskraftwirkung (s. auch Rn 212). Diese Regelung beinhaltet eine Einschränkung der Rechtskraft und zwar unabhängig davon, wer das Rechtsmittel eingelegt hat. Wenn in der neuen Verhandlung ein Freispruch oder eine Einstellung ergeht, so ist die Adhäsionsentscheidung aufzuheben. Eine vom Strafverfahren unabhängige Prüfung des Anspruchs soll nicht erfolgen.[279]

b) Vorläufige Vollstreckbarkeit

Nach § 406 III 2 StPO muss das Gericht die Entscheidung für vorläufig vollstreckbar erklären; die §§ 708 bis 712, 714 und 716 der Zivilprozessordnung gelten entsprechend.

189

Der Ausspruch zur vorläufigen Vollstreckbarkeit bezieht sich – anders als im Zivilverfahren – immer nur auf die Adhäsionsentscheidung zur Hauptsache. Die Kostenentscheidung über den Adhäsionsantrag beruht allein auf den strafprozessualen Kostenvorschriften, § 465 ff, insbesondere § 472 a StPO.

Der Ausspruch zur vorläufigen Vollstreckbarkeit hat für den Adhäsionskläger zur Folge, dass er vor Rechtskraft des Urteils vollstrecken kann. Soweit nur ein Feststellungsurteil ergeht, kommt ein Ausspruch zur vorläufigen Vollstreckbarkeit nicht in Betracht, da der Tenor keinen vollstreckungsfähigen Inhalt hat und eine vorläufige Vollstreckbarkeit in Bezug auf die Kostenentscheidung entfällt.

§ 708 ZPO regelt die Vollstreckung des Adhäsionsklägers ohne Sicherheitsleistung.

§ 709 ZPO regelt die Vollstreckung des Adhäsionsklägers mit Sicherheitsleistung.

Im Falle der Vollstreckung nach § 708 ZPO darf der Schuldner – im Adhäsionsverfahren also der Angeklagte – die Vollstreckung (soweit diese nach § 708 Nr. 4 bis 11 erfolgt) nach § 711 ZPO durch Sicherheitsleistung in Höhe des von ihm geschuldeten Betrages abwenden.

---

278 KMR/Stöckel, § 406 Rn 23.
279 KMR/Stöckel, § 406a Rn 7.

Die Höhe der Sicherheitsleistung ist immer in Geld zu bestimmen. Es gilt § 108 ZPO. Die Höhe des Geldbetrages richtet sich nach dem, was aus dem Titel vollstreckt werden kann und was zur Sicherung eines etwaigen Schadensersatzanspruchs des Angeklagten gegen den Adhäsionskläger nötig ist (§ 717 ZPO). Entscheidend ist der Wert des vollstreckbaren Hauptanspruchs zuzüglich Zinsen. Soweit wegen einer Geldforderung vollstreckt werden kann, kann die Höhe der Sicherheitsleistung in einem bestimmten Verhältnis zur Höhe des jeweils zu vollstreckenden Betrages (§ 709 S. 2 ZPO) bzw in einem bestimmten Verhältnis zur Höhe des auf Grund des Urteils vollstreckbaren Betrages (§ 711 S. 2 ZPO) angegeben werden. Dieses Verhältnis liegt durchschnittlich bei 110 bis 120 %.

190 **Muster: Ausspruch zur vorläufigen Vollstreckbarkeit**

Beispiel 1: Verurteilung in der Hauptsache unter 1.250 € (§ 708 Nr. 11 ZPO iVm § 711 ZPO):
1. Strafrechtliche Verurteilung des Angeklagten
2. Verurteilung zur Zahlung von 1.000 € (evtl im Übrigen Absehen von einer Entscheidung)
3. Das Urteil zu 2. ist für den Adhäsionskläger vorläufig vollstreckbar. Der Angeklagte darf die Vollstreckung durch Sicherheitsleistung oder Hinterlegung in Höhe von 110 % des gegen ihn zu vollstreckenden Betrages abwenden, wenn nicht der Adhäsionskläger vor der Vollstreckung Sicherheit in gleicher Höhe leistet.
4. Kostenentscheidung

Beispiel 2: Verurteilung in der Hauptsache über 1.250 € (§ 709 I ZPO):
1. Strafrechtliche Verurteilung des Angeklagten
2. Verurteilung zur Zahlung von 7.000 € (evtl im Übrigen Absehen von einer Entscheidung)
3. Das Urteil zu 2. ist für den Adhäsionskläger gegen Sicherheitsleistung in Höhe von 110 % des gegen den Angeklagten zu vollstreckenden Betrages vorläufig vollstreckbar.
4. Kostenentscheidung

Beispiel 3: Herausgabevollstreckung
1. Strafrechtliche Verurteilung
2. Verurteilung des Angeklagten, an den Adhäsionskläger, zum Beispiel einen Pkw (genaue Bezeichnung) herauszugeben. (evtl im Übrigen Absehen von einer Entscheidung)
3. Das Urteil zu 2. ist für den Adhäsionskläger gegen Sicherheitsleistung in Höhe von 10.000 € vorläufig vollstreckbar. (Entscheidend ist hier der Zeitwert der herauszugebenden Sache; hier also, da der Wert über 1.250 € liegt, Vollstreckung nach § 709 S. 1 ZPO).
4. Kostenentscheidung

Die Begründung der Entscheidung zur vorläufigen Vollstreckbarkeit beschränkt sich im Regelfall auf das Aufführen der maßgeblichen Vorschriften. Insbesondere wird die Höhe der Sicherheitsleistung nicht näher begründet.

9. Vollstreckung, § 406b StPO

Nach § 406 b StPO richtet sich die Vollstreckung des Adhäsionsurteils nach den einschlägigen Vorschriften der Zivilprozessordnung.

191

Die bedeutet: Die Zwangsvollstreckung erfolgt aufgrund einer vollstreckbaren Ausfertigung des Urteils nach § 724 I ZPO oder des nach § 405 I StPO geschlossenen Vergleichs nach § 795 ZPO. Die vollstreckbare Ausfertigung erteilt der Urkundsbeamte des Strafgerichts nach §§ 724 II, 725 bis 730, 733, 734 ZPO.

Für Nachtragsentscheidungen, etwa einer Abänderungsklage, ist das Zivilgericht zuständig. Das Gleiche gilt für eine Vollstreckungsgegenklage (§ 767 ZPO) und eine Klage gegen die Zulässigkeit der Vollstreckungsklausel (§ 768 ZPO).

Zu beachten ist, dass das Zivilgericht nur für die Verfahren zuständig ist, die in § 406 b S. 2 StPO ausdrücklich genannt sind. Die nach der Zivilprozessordnung dem Prozessgericht vorbehaltenen Entscheidungen (vgl § 732 ZPO) sind durch das Strafgericht zu treffen.[280]

Einwendungen gegen die Vollstreckung, die den im Urteil festgestellten Anspruch selbst betreffen, können nach § 406 b S. 3 StPO nur auf Tatsachen gestützt werden, die nach der letzten tatrichterlichen Verhandlung entstanden sind. Soweit im Berufungsrechtszug keine Hauptverhandlung stattgefunden hat, ist der Schluss der Hauptverhandlung des ersten Rechtszuges maßgebend.

10. Absehen von einer Entscheidung im Übrigen

Soweit der Adhäsionsantrag nur teilweise Erfolg hat, kommt dennoch eine Klageabweisung – anders als im Zivilprozess – nicht in Betracht. Es darf also in der Tenorierung nicht die Formulierung verwendet werden „Im Übrigen wird die Klage abgewiesen", sondern es muss vielmehr die Formulierung verwendet werden „Im Übrigen wird von einer Entscheidung abgesehen".

192

Dies folgt aus § 406 III 3 StPO. Danach kann der Anspruch, soweit er nicht zuerkannt ist, anderweit geltend gemacht werden. Der im Adhäsionsverfahren geltend gemachte Anspruch kann also, soweit er nicht zuerkannt worden ist, vor einem Zivilgericht oder auch erneut nach §§ 403 ff StPO eingeklagt werden. Es tritt somit keine Rechtskraft zu Ungunsten des Adhäsionsklägers ein und er hat auch kein Rechtsmittel gegen das Urteil, § 406 a I 2 StPO.

In der Urteilsformel wird deshalb von einem Ausspruch über den weitergehenden Antrag abgesehen (§ 405 I 1, 2. Alt. StPO). Die Tenorierung „Im Übrigen wird von einer Entscheidung über den Adhäsionsantrag abgesehen" dient allein der Verdeutlichung. Mit dieser Formulierung wird klar, dass über den Adhäsionsantrag noch nicht

---

280 KMR/Stöckel, § 406b Rn 3 mwN.

in vollem Umfang entschieden worden ist und der Angeklagte evtl noch mit einem weiteren Verfahren vor dem Zivilgericht zu rechnen hat. Außerdem beendet dieser Ausspruch die Rechtshängigkeit des vermögensrechtlichen Anspruchs. Die Entscheidung des Strafrichters im Adhäsionsverfahren ist somit de facto ein Teilendurteil.[281] Zu beachten ist, dass auch dann von einer Entscheidung im Übrigen abgesehen werden muss, wenn das Gericht durch Grund- und/oder Teilurteil entschieden hat.

11. Besonderheit: Mehrere Täter

193 Soweit mehrere Angeklagte für den aus einer unerlaubten Handlung (zum Beispiel §§ 823 ff BGB) entstandenen Schaden nebeneinander verantwortlich sind, haften sie nach § 840 I BGB als Gesamtschuldner. Dies bedeutet, dass als Mittäter oder Anstifter/Gehilfe oder auf Grund einer Nebentäterschaft verantwortliche Angeklagte als Gesamtschuldner zur Zahlung von Schadensersatz oder Schmerzensgeld – auch im Adhäsionsverfahren – verurteilt werden können.[282] Soweit also mehrere Personen jeweils für sich für denselben Schaden haften, kommt § 840 BGB zur Anwendung. § 840 BGB enthält keine eigene Anspruchsgrundlage, sondern setzt die Haftung mehrerer voraus.[283]

a) Eine Verantwortlichkeit mehrerer nebeneinander kann sich ergeben aus:

194 ■ § 830 I 1, II BGB. Mittäter, Anstifter und Gehilfen sind nebeneinander für einen Schaden verantwortlich. Die Begriffe Mittäterschaft und Teilnahme sind grundsätzlich wie im Strafrecht (§§ 25 – 27 StGB) zu bestimmen. Mittäterschaft im Sinne des § 830 I 1 BGB setzt dementsprechend bewusstes und gewolltes Zusammenwirken zur Herbeiführung des Verletzungserfolges voraus. Die Verurteilung zur Zahlung von Schadensersatz und/oder Schmerzensgeld als Gesamtschuldner wird dementsprechend zumeist einhergehen mit einer Verurteilung der Angeklagten als Mittäter bzw als Täter und Anstifter oder Gehilfe. Nach § 830 II BGB sind den Mittätern gleichgestellt der Anstifter und der Gehilfe, so dass im Rahmen der Feststellung der gesamtschuldnerischen Haftung eine genaue Abgrenzung zwischen Täterschaft und Teilnahme nicht erforderlich ist.

■ Eine Verantwortlichkeit mehrerer nebeneinander kann sich weiterhin ergeben aus § 830 I 2 BGB. Diese Bestimmung regelt die Verantwortlichkeit, wenn mehrere Personen unabhängig voneinander unerlaubte Handlungen begangen haben, von der jede den Schaden verursacht haben könnte, die Kausalität aber nicht aufklärbar ist.[284] Die Anwendung des § 830 I 2 BGB kann dazu führen, dass ein Angeklagter – trotz Freispruchs – nach § 830 I 2 zur Zahlung von Schadensersatz und Schmerzensgeld verurteilt wird. Dass sein Handeln nicht ursächlich für den Erfolg sein konnte, muss der Beteiligte nämlich im Zivilprozess beweisen.[285]

---

281 BGH v.13.5.2003, NStZ 2003, 565.
282 BGH v. 13.5.2003, NStZ 2003, 565.
283 PWW/Kramers/Scharp, § 840 Rn 1.
284 PWW/Scharp, § 830 Rn 1.
285 PWW/Scharp, § 830 Rn 9.

- Die Verantwortlichkeit mehrerer nebeneinander kann sich weiterhin auf Grund einer Nebentäterschaft ergeben. Nebentäterschaft liegt vor, wenn mehrere Täter durch selbständige Einzelhandlungen ohne bewusstes Zusammenwirken einen Schaden verursacht haben. Es muss ein einheitlicher Schaden vorliegen, Nebentäterschaft wird nicht angenommen bei Verursachung separater Teilschäden.[286]

b) Die Höhe der gesamtschuldnerischen Haftung

Gesamtschuldnerische Haftung bedeutet nicht zwingend, dass alle Schädiger gesamtschuldnerisch in genau derselben Höhe haften. Vielmehr kann die Haftung mehrerer Schädiger unterschiedlich sein, zB bei unterschiedlicher Bemessung des Schmerzensgeldes wegen unterschiedlicher wirtschaftlicher und persönlicher Verhältnisse, Vorsatz und Fahrlässigkeit. Das Gesamtschuldverhältnis besteht dann nur bis zum gemeinsamen – geringeren – Betrag.[287]

195

Ein Mitverschulden des Geschädigten führt zur Kürzung der gesamtschuldnerischen Haftung gemäß § 254 BGB. Soweit der Adhäsionskläger nur gegenüber einem einzelnen Schädiger ein Mitverschulden vorzuwerfen ist, wird – soweit es sich um eine gemeinschaftlich begangene unerlaubte Handlung handelt (§ 830 I 1 und II BGB) – eine Gesamtwürdigung vorgenommen. Dies bedeutet: Die Gesamtschuld beschränkt sich auf den gemäß § 254 BGB gekürzten Betrag. Jeder Mittäter muss sich den Tatbeitrag des anderen zurechnen lassen. Bei der Abwägung ist der Verursachungs- und Schuldbeitrag sämtlicher Mittäter dem Schuldbeitrag des Geschädigten gegenüber zu stellen. Das gilt entsprechend bei Anstiftung und Beihilfe. Für Mittäter, Teilnehmer und Alternativtäter wird also stets eine einheitliche Quote gebildet.[288]

Soweit eine Haftung nach § 830 BGB nicht in Betracht kommt, ist zu differenzieren:

196

Wenn alle Nebentäter für den vollen Schaden haften, bereitet die gesamtschuldnerische Haftung keine Schwierigkeiten. Dann ist nämlich die für die Gesamtschuld charakteristische Situation gegeben, dass durch die Leistung eines Schuldners das volle Gläubigerinteresse befriedigt wird.

Problematisch wird die gesamtschuldnerische Haftung von Nebentätern, wenn den Geschädigten ein Mitverschuldensvorwurf trifft und die nach § 254 BGB vorzunehmende Einzelabwägung zwischen dem Geschädigten und den jeweiligen Schädigern eine jeweils andere Mithaftungsquote ergibt, welche der jeweilige Schädiger, also Nebentäter, dem Geschädigten entgegenhalten kann. In einem solchen Fall umfasst die Gesamtschuld nicht den gesamten Schaden. Nach der Rechtssprechung des Bundesgerichtshofes sind die Einzelabwägungen zwischen dem Geschädigten und den jeweiligen Schädigern mit einer aus der Gesamtschau gewonnenen Solidarabwägung im Sinne einer Gesamtabwägung zu verknüpfen (Kombinierte Einzelabwägung und Gesamtschau).[289]

---

[286] PWW/Scharp, § 840 Rn 2.
[287] Palandt/Sprau, § 840 Rn 3.
[288] MüKo-Wagner, § 840, Rn 21.
[289] BGH v. 16.6.1958 – V/ZR 95/58 –, NJW 1959, 1772 ff, 1774. – str.: Ermau-Schiemann § 840 Rn 6 (Gesamtabwägung).

Soweit der Geschädigte seinen Verantwortungsanteil selbst zu tragen hat, kann der jeweilige Schädiger/Nebentäter dem Geschädigten – hier Adhäsionskläger – dessen Mithaftungsquote entgegenhalten. Dabei haftet jeder Schädiger bis zu dem Betrag (Einzelquote), der dem jeweiligen Verhältnis seiner eigenen Verantwortung im Vergleich zur Mitverantwortung des Geschädigten entspricht (Einzelabwägung). Insgesamt kann der Geschädigte, hier also der Adhäsionskläger, von allen Schädigern/Nebentätern jedoch nicht mehr fordern, als den Anteil an dem zu ersetzenden Schaden (Gesamtquote), der im Wege einer Gesamtschau des Schadensereignisses den zusammenaddierten Verantwortungsanteilen sämtlicher Schädiger im Verhältnis zur Mitverantwortung des Geschädigten entspricht (Gesamtabwägung).[290]

197 Dem Grundsatz der „Gesamtschau" liegt die Erwägung zugrunde, dass es bei Beteiligung mehrerer Schädiger nicht sachgerecht wäre, wenn der Geschädigte im Ergebnis nicht über die Höchstquote hinauskäme, die sich bei der Einzelabwägung im Verhältnis zu dem am stärksten beteiligten Schädiger ergibt. Nach ihrem Sinn soll verhindert werden, dass der Geschädigte, der sich einen eigenen Tatbeitrag entgegenhalten lassen muss, gegenüber mehreren ersatzpflichtigen Schädigern im Ergebnis einen größeren Teil des Schadens zu tragen hat, als seinem Verursachungsbeitrag entspricht.[291]

Dies bedeutet: Der Geschädigte kann den einzelnen Nebentäter nur in Höhe desjenigen Betrages in Anspruch nehmen, für den dieser nach Maßgabe einer beidseitigen Betrachtung der Verursachungs- und Verschuldensanteile die Verantwortung trägt. Jeder weitere Nebentäter haftet auf den bei Zugrundelegung der Gesamtbetrachtung verbleibenden Restbetrag, soweit dieser nicht seinen eigenen, aufgrund der Einzelabwägung gebildeten Verantwortungsanteil übersteigt.[292]

Beispiel:

Nebentäter A und Nebentäter B haben zusammen einen Schaden von 3.000 € angerichtet. Ihre Verantwortungsanteile sind gleich hoch; auch der des Geschädigten ist gleich hoch, wiegt also ebenso schwer wie die Verantwortungsanteile von A und B.

Einzelabwägung: Der Geschädigte erhält von A 1.500 € und von B 1.500 €.

Gesamtabwägung: Der Geschädigte muss sich seinen Schadensersatzanspruch um 1/3 kürzen lassen, er erhält also insgesamt nur 2.000 €.

Ergebnis: Zahlt A an den Geschädigten 1.500 € kann der Geschädigte von B nur noch 500 € verlangen. Im Innenverhältnis schuldet B dem A dann noch 500 €, A hat also gegen B einen Regressanspruch in Höhe von 500 €.

198 Bei der Bemessung des Schmerzensgeldes ist die Kombination von Einzelabwägung und Gesamtschau nicht uneingeschränkt anwendbar, weil der Verletzte „angemessen" zu entschädigen ist und es an einem allen gegenüber einheitlichen Schadensumfang fehlt.[293] Die Höhe der Entschädigung bestimmt sich bei jedem einzelnen von

---

290 BGH v. 13.12.05, – VI ZR 68/04 –.
291 OLG Düsseldorf, NJW-RR 1995, 281, 283.
292 MüKo-Wagner, § 840 Rn 23.
293 OLG Düsseldorf, NJW-RR 1995, 283.

mehreren Schädigern nach der besonderen Angemessenheit und kann daher unterschiedlich sein. Hält der Tatrichter unter Berücksichtigung der erheblichen Einzelumstände einen bestimmten Betrag für angemessen, so bringt er zum Ausdruck, dass damit der immaterielle Schaden des Geschädigten angemessen entschädigt und voll ausgeglichen ist.[294]

Soweit allerdings das Mitverschulden des Geschädigten als ein wesentlicher Faktor für die Bemessung des Schmerzensgeldes und für die Zuordnung der Gesamt- und Einzelschulden zu berücksichtigen ist, kann das Haftungsverhältnis nach einer Einzelabwägung und anschließender Gesamtschau ermittelt werden.[295]

Ausnahmsweise wird aber auch bei Nebentätern nur eine Gesamtabwägung vorgenommen, und zwar bei Haftungseinheit, dh wenn die Haftung der Nebentäter auf demselben Lebenssachverhalt beruht oder bei Zurechnungs- bzw Tatbeitragseinheit.[296]

Muster: Hauptsacheentscheidungen bei Verurteilung von zwei Angeklagten als Gesamtschuldner 199

Beispiel 1: Gemeinsame Haftung als Gesamtschuldner in voller Höhe

1. Strafrechtliche Verurteilung der Angeklagten
2. Die Angeklagten A und B werden verurteilt, an den Adhäsionskläger als Gesamtschuldner 1.000 € Schmerzensgeld zu zahlen.
3. Die Angeklagten haben die Kosten des Verfahrens, ihre notwendigen Auslagen sowie die dem Adhäsionskläger entstandenen besonderen Kosten und notwendigen Auslagen als Gesamtschuldner zu tragen.
4. Das Urteil ist für den Adhäsionskläger vorläufig vollstreckbar. Die Angeklagten dürfen die Vollstreckung durch Sicherheitsleistung oder Hinterlegung in Höhe von 110 % des gegen sie zu vollstreckenden Betrages abwenden, wenn nicht der Adhäsionskläger vor der Vollstreckung Sicherheit in gleicher Höhe leistet [§ 708 Nr. 11 ZPO].

Beispiel 2: Teilweise gemeinsame Haftung als Gesamtschuldner:

Der Adhäsionskläger hat die Zahlung eines Schmerzensgeldes von A und B als Gesamtschuldner in Höhe von 6.000 € beantragt; er erhält von A und B als Gesamtschuldner 3.000 € und von A weitere 3.000 € Schmerzensgeld allein.

1. Strafrechtliche Verurteilung der Angeklagten
2. Die Angeklagten A und B werden als Gesamtschuldner verurteilt, an den Adhäsionskläger 3.000 € Schmerzensgeld zu zahlen; A wird verurteilt weitere 3.000 € Schmerzensgeld zu zahlen.

Im Übrigen wird von einer Entscheidung abgesehen.

---

[294] BGH v. 29.9.1970, – VI ZR 74/69 –, NJW 1971, 33, 35.
[295] OLG Düsseldorf, NJW-RR 1995, 281, 283-284.
[296] PWW Scharp, § 840 Rn 7.

3. Die Angeklagten haben die Kosten des Verfahrens und ihre notwendigen Auslagen zu tragen.

Von den dem Adhäsionskläger wegen des Adhäsionsverfahrens entstandenen besonderen Kosten und von den dem Adhäsionskläger entstandenen notwendigen Auslagen tragen 1/4 der Adhäsionskläger selbst, die Hälfte die Angeklagten als Gesamtschuldner und 1/4 der A.

Von den dem B wegen des Adhäsionsantrages entstandenen notwendigen Auslagen und besonderen Kosten trägt der Adhäsionskläger die Hälfte; im Übrigen trägt diese der B selbst.

Der A trägt seine wegen des Adhäsionsverfahrens entstandenen besonderen Kosten und notwendigen Auslagen selbst.

4. Das Urteil zu 2) ist für den Adhäsionskläger gegen Sicherheitsleistung in Höhe von 110 % des gegen die Angeklagten zu vollstreckenden Betrages vorläufig vollstreckbar [§ 709 S. 1 ZPO].

c) Rechtsfolge im Innenverhältnis

200 Haftung als Gesamtschuldner bedeutet Anwendung der §§ 421 ff BGB. Jeder Geschädigte ist gegenüber dem Adhäsionskläger zum Ersatz des gesamten Schadens verpflichtet, dieser darf den Ersatz aber nur einmal fordern (§ 421 BGB).

IX. Rechtsmittel und Wiederaufnahme gegen das Adhäsionsurteil

1. Rechtsmittel des Antragstellers

a) Unanfechtbarkeit gem. § 406a I 2 StPO

Gegen das Urteil, mit dem das Gericht von der Entscheidung über den Adhäsionsantrag ganz oder teilweise absieht, stehen dem Antragsteller gem. § 406a I 2 StPO grundsätzlich keine Rechtsmittel zu. Für den Antragsteller ist die Entscheidung des Gerichts mangels Beschwer grundsätzlich unanfechtbar, da im Absehen von der Entscheidung keine sachliche Entscheidung liegt, dem Antragsteller vielmehr noch die Möglichkeit bleibt, seinen Anspruch von dem Zivilgericht einzuklagen.

201

b) Fehlerhafte Gerichtsentscheidung

Eine Ausnahme von diesem Grundsatz der Unanfechtbarkeit der Entscheidung gilt dann, wenn das Gericht fehlerhaft nicht von der Entscheidung abgesehen hat, sondern den Adhäsionsantrag zurück- oder abgewiesen hat. In diesen Fällen ist zunächst zu überprüfen, ob der Urteilsausspruch in ein Absehen von einer Entscheidung umgedeutet werden kann. Ist dies aufgrund der Formulierung oder Begründung der Entscheidung unmöglich, muss für den Antragsteller das sonst – wie bei den Rechtsmitteln des Angeklagten – zulässige Rechtsmittel statthaft sein, also Berufung oder Revision gegen Urteile, sofortige Beschwerde gegen Beschlüsse.[297] Die Art des Rechtsmittels richtet sich dabei nach dem strafrechtlichen Rechtszug.[298]

202

c) Überlegungen aus rechtsanwaltlicher Sicht

Insbesondere in der anwaltlichen Praxis stellt sich bei derartigen fehlerhaften Gerichtsentscheidungen die Frage, mit welchem Rechtsmittel der Rechtsanwalt in solchen Fallgestaltungen zu reagieren hat. Neben Berufung und Revision kommt auch eine Gehörsrüge in Betracht. Die Gehörsrüge entsprechend § 321 a ZPO ist auch im Adhäsionsverfahren zulässig.[299]

203

Im Strafverfahren gilt zwar § 300 StPO. Danach ist ein Irrtum in der Bezeichnung des zulässigen Rechtsmittels unschädlich. Wichtig ist aber, dass ein Anfechtungswille deutlich wird. In Zweifelsfällen ist eine Erläuterung des Anfechtenden einzuholen.[300]

Diese Vorschrift ist auch im Adhäsionsverfahren anwendbar, da das Adhäsionsverfahren seiner Natur nach als Anhangverfahren Teil des Strafverfahrens ist. Allerdings hat sich die einschlägige Kommentarliteratur mit dieser Frage, soweit ersichtlich, noch nicht befasst.[301] Es ist daher nicht auszuschließen, dass dem Antragsteller mit der Begründung, dass er im Vergleich zum Angeklagten im Adhäsionsverfahren nur eingeschränkte Rechtsmittel hat, möglicherweise eine Verwerfung des Rechtsbehelfs droht.

---

297 Löwe-Rosenberg/Hilger, § 405 Rn 16, § 406a Rn 1; SK-StPO/Velten, § 405 Rn 2.
298 SK-StPO/Velten, § 405 Rn 2.
299 OLG Oldenburg, Beschl. v. 2.4.2007, – 1 Ws 124/07 –, n.v.
300 BGHSt 2, 63, 67.
301 Vgl. Meyer-Goßner, § 300 Rn 1 ff.

204 Dieser nicht auszuschließenden Gefahr kann der Rechtsanwalt vorbeugen. Generell gilt, dass das Rechtsmittel unverzüglich nach der mündlichen Urteilsverkündung eingelegt werden sollte. Da im Einzelfall auch andere Rechtsmittel wie die Gehörsrüge entsprechend § 321 a ZPO in Betracht kommen, empfiehlt es sich hilfsweise alle denkbaren Rechtsbehelfe einzulegen. Dabei ist dann vorsorglich die kürzeste Frist aller denkbaren Rechtbehelfe für alle anderen gleichzeitig mit einzuhalten. Entsprechende umfassende Anträge sind allein auch schon zur Vermeidung des Haftungsrisikos zu stellen.

Demnach sollte zur Vermeidung eines Haftungsrisikos der Rechtsanwalt in derartigen Fällen ein Rechtsmittel so abfassen, dass damit alle in Betracht kommenden Rechtsbehelfe erfasst sind. Das sachnähere ist voranzustellen und die kürzeste Frist einzuhalten. Dies ist regelmäßig binnen einer Woche nach Verkündung, vgl §§ 314, 341 StPO. Der sicherste Weg ist somit den Rechtsbehelf, in Anlehnung an die originären Rechtsmittel, sofort nach der mündlichen Verkündung der Entscheidung und der damit verbundenen Kenntnisnahme der möglichen Rechtsverletzung binnen einer Woche einzulegen.

2. Rechtsmittel des Angeklagten

205 Der Angeklagte hat die ihm nach der StPO zustehenden Rechtsmittel. Dabei kann er das Urteil insgesamt anfechten oder sein Rechtsmittel auf den zivilrechtlichen oder den strafrechtlichen Teil beschränken.

a) Einlegung

206 Für die Rechtsmitteleinlegung gelten die Vorschriften der StPO, also insbesondere die Formvorschriften zur Einlegung der Revision. Dabei ist zu beachten, dass die bloße Erklärung gegen die Entscheidung im Adhäsionsverfahren werde Revision eingelegt, nicht ausreichend ist, da sie nicht erkennen lässt, ob das Urteil wegen einer Verletzung einer Rechtsnorm über das Verfahren oder wegen der Verletzung sachlichen Rechts angefochten wird.[302] Die Revisionseinlegung allein, ebenso wie die Beschränkung auf bestimmte Beschwerdepunkte, also beispielsweise auf das Adhäsionsverfahren, kann nicht als Erhebung der Sachrüge angesehen werden.

b) Anfechtung des gesamten Urteils

207 Sofern der Angeklagte das gesamte Urteil, also sowohl den straf-, als auch den zivilrechtlichen Teil, anfechten möchte, muss er dies mit den Rechtsmitteln der Berufung gem. § 312 StPO oder der Revision gem. § 333, 335 StPO tun.

aa) Berufung

208 Im Berufungsverfahren verhandelt und entscheidet das Berufungsgericht über den Anklagevorwurf und den zivilrechtlichen Anspruch erneut. Dabei stehen dem Berufungsgericht alle Entscheidungsmöglichkeiten offen, die in der ersten Instanz möglich sind. Insbesondere kann das Berufungsgericht die Schuld des Angeklagten feststellen

---

302 BGH, NStZ 2000, 388.

oder eine Maßregel gegen ihn verhängen, hinsichtlich des Adhäsionsanspruchs aber von einer Entscheidung absehen. Wird der Angeklagte freigesprochen, wird gem. 406a III StPO auch die zivilrechtliche Verurteilung aufgehoben.

Im Bereich der Annahmeberufung gem. § 313 StPO ändert der Umstand, dass sich das amtsgerichtliche Urteil nicht darauf beschränkt, eine Geldstrafe von bis zu 15 Tagessätzen auszuwerfen, sondern darüber hinaus einen Adhäsionsanspruch zuerkannt hat, nichts daran, dass die Berufung der Annahme durch das Berufungsgericht bedarf. Dies gilt jedenfalls dann, wenn im Adhäsionsverfahren der Angeklagte zur Zahlung einer Geldsumme verurteilt wird, die die zivilprozessuale Berufungssumme nicht erreicht.[303] Das OLG Jena hat die Frage offen gelassen, ob es einer Berufungsannahme bedarf, wenn der Angeklagte zu einer 15 Tagessätze nicht überschreitenden Geldstrafe und einer die zivilprozessuale Berufungssumme überschreitenden Schadensersatzzahlung verurteilt wird. Es führt jedoch aus, dazu zu neigen, diese Frage zu verneinen.

Diese Auffassung dürfte unzutreffend sein. Es ist nicht erkennbar, dass durch das Adhäsionsverfahren das System der strafrechtlichen Rechtsmittel erweitert werden sollte. Dem Angeklagten bleibt weiter die Möglichkeit offen, nur den zivilrechtlichen Teil der Verurteilung anzufechten. Dies muss keinen Einfluss auf die Anfechtbarkeit der strafrechtlichen Verurteilung haben.

bb) Revision

Für den Fall der Revision gilt, dass das Revisionsgericht die Sache nicht allein wegen des zivilrechtlichen Teils der Entscheidung an den Tatrichter zurückverweist. Will das Revisionsgericht die strafrechtliche Verurteilung bestätigen, nicht aber die zivilrechtliche Entscheidung, hebt das Revisionsgericht diese auf und sieht gem. § 406 III StPO von einer Entscheidung über den Adhäsionsantrag ab. Eine Zurückverweisung allein wegen des zivilrechtlichen Teils der Entscheidung an das Tatgericht kommt nicht in Betracht.[304] Auch das Revisionsgericht hat aber die Grundsätze des § 406 I StPO zu beachten und ggf die Entscheidung dem Grunde nach aufrecht zu erhalten.[305] Auch eine Zurückverweisung nur wegen der Höhe des Betrages kommt nicht in Betracht; darüber hat nach § 406 III 4 StPO das zuständige Zivilgericht zu entscheiden.[306]

209

Der Tenor der revisionsgerichtlichen Entscheidung lautet in solchen Fällen beispielsweise:[307]

210

Beispiel:

Auf die Revision des Angeklagten wird das angefochtene Urteil dahin geändert, dass an die Stelle der Verurteilung des Angeklagten zur Zahlung eines auf 20.000 € bezif-

---

303 OLG Jena, NStZ-RR 1997, 274.
304 BGH, NStZ 1988, 237.
305 BGHSt 44, 202; Meyer-Goßner, § 406a Rn 5; KK/Engelhardt, § 406a Rn 3.
306 BGHSt 44, 202.
307 Nach BGHSt 44, 202.

ferten Schmerzensgeldes und der zugehörigen Vollstreckbarkeitsentscheidung der Ausspruch tritt:

Auch der wegen dieser Tat (wegen des Handtaschenraubes vom 1.1.2007 im Stadtpark von Hamburg) von der Nebenklägerin X gegen den Angeklagten erhobene Anspruch auf Schmerzensgeld ist dem Grunde nach gerechtfertigt.

Die weitergehende Revision wird verworfen.

Der Angeklagte hat die Kosten seines Rechtsmittels und die der Nebenklägerin im Revisionsverfahren entstandenen notwendigen Auslagen zu tragen (§ 473 IV StPO).

Kann das Revisionsgericht über den strafrechtlichen Teil des Urteils durch Beschluss nach § 349 II StPO entscheiden, dann kann es dabei auch über die Adhäsionsentscheidung mitentscheiden, ohne an den Antrag der Staatsanwaltschaft gebunden zu sein.[308]

Wird die strafrechtliche Entscheidung aufgehoben und spricht das Revisionsgericht nach § 354 I StPO frei oder stellt das Verfahren ein, so wird zugleich die zivilrechtliche Entscheidung aufgehoben und von der Entscheidung abgesehen.[309]

211 Hinsichtlich der Kostenentscheidung im Revisionsverfahren gelten grundsätzlich die allgemeinen Regeln. Wird die Adhäsionsentscheidung im Revisionsverfahren aufgehoben, weil nach der Revisionsentscheidung eine Zurückverweisung nur noch hinsichtlich der Bildung einer Einzel- und Gesamtfreiheitsstrafe zu erfolgen hat und das Verfahren für die Klärung weiterer zivilrechtlicher Zweifelsfragen ungeeignet ist, hat der BGH es gem. § 472a II StPO als dem billigen Ermessen entsprechend angesehen, der Staatskasse die gerichtlichen Auslagen im Adhäsionsverfahren aufzuerlegen und im übrigen von einer Auslagenentscheidung abzusehen.[310]

c) Anfechtung nur des strafrechtlichen Teils des Urteils

212 Sofern der Angeklagte sein Rechtsmittel auf den strafrechtlichen Teil des Urteils beschränkt, ist umstritten, ob in diesem Fall der zivilrechtliche Teil in Rechtskraft erwächst. Teilweise wird vertreten, dass der Adhäsionsausspruch zunächst nicht in Rechtskraft erwächst, da nach § 406a III die Adhäsionsentscheidung selbst dann aufgehoben werden könne, wenn sie nicht angefochten wurde, sofern das Rechtsmittelgericht den strafrechtlichen Schuldspruch beseitige.[311] Nach anderer Auffassung erwächst die zivilrechtliche Entscheidung in Rechtskraft, sofern der Angeklagte sein Rechtsmittel auf die strafrechtliche Verurteilung beschränkt, da auch die Möglichkeit einer Rechtsmittelerstreckung nach § 357 StPO grundsätzlich der Rechtskraft des Urteils gegenüber dem nicht revidenten grundsätzlich nicht entgegenstehe.[312] Dieser Auffassung ist aus systematischen Erwägungen der Vorzug zu geben.

---

308 BGH, Beschl. v. 3.4.2007, – 3 StR 92/07 –.
309 SK-StPO/Velten, § 406a Rn 5.
310 BGH, v. 29.6.2006, – 5 StR 485/05 –.
311 OLG Neustadt, NJW 1952, 718; SK-StPO/Velten, § 406b Rn 7; Köckerbauer, Die Geltendmachung zivilrechtlicher Ansprüche im Strafverfahren – der Adhäsionsprozeß, NStZ 1994, 305, 310.
312 Löwe-Rosenberg/Hilger, § 406a Rn 7; KMR-StPO/Stöckel, § 406a Rn 5.

Auch wenn das Revisionsgericht das Strafurteil zunächst nur aufhebt und zurückverweist, bleibt die Adhäsionsentscheidung zunächst noch bestehen. Erst wenn das Tatgericht in der Strafsache freispricht, findet § 406a III StPO Anwendung.[313]

Die Adhäsionsentscheidung wird im Revisionsverfahren auch dann aufgehoben, wenn sie nicht revidente Mitangeklagte betrifft, denen über § 357 StPO ein Freispruch des Revisionsführers zugute kommt.[314] § 357 StPO gilt aber auch dann, wenn im Rechtsmittelverfahren nur der Entschädigungsausspruch wegen einer fehlenden Verfahrensvoraussetzung aufgehoben wird.[315] Zwar gilt § 357 StPO nur bei Gesetzesverletzungen bei Anwendung des Strafgesetzes. Es ist aber anerkannt, dass darunter auch das Fehlen von Verfahrensvoraussetzungen fällt, die vom Revisionsgericht von Amts wegen zu prüfen sind. Darunter fällt u.a. das Antragserfordernis als besondere Verfahrensvoraussetzung für das Adhäsionsverfahren. Ergibt sich demnach im Revisionsverfahren, dass etwa kein Adhäsionsantrag gestellt worden ist, aber dennoch ein Entschädigungsausspruch erfolgt ist, so ist dieser aufzuheben auch hinsichtlich der nicht revisionsführenden und davon betroffenen Mitangeklagten.[316]

d) Anfechtung nur des zivilrechtlichen Teils des Urteils

Sofern der Angeklagte nur den zivilrechtlichen Teil des Urteils anficht, wird der strafrechtliche Teil rechtskräftig, sofern dieser nicht von einem anderen Verfahrensbeteiligten angefochten wird. § 406a II StPO bestimmt für diese Konstellation, also dass der Angeklagte nur den zivilrechtlichen Teil anficht, dass der Angeklagte diesen Teil mit dem sonst zulässigen Rechtsmittel anfechten kann, womit die sonst strafprozessual zulässigen Rechtsmittel gemeint sind. Nach § 406a II 2 StPO kann in diesem Fall über das Rechtsmittel durch Beschluss in nichtöffentlicher Sitzung entschieden werden. Diese Regelung erweitert die Entscheidungsmöglichkeiten durch Beschluss nur für die Fälle, in denen das Berufungsgericht das Rechtsmittel zurückweisen möchte, denn eine Aufhebung des Adhäsionsausspruches wegen Unbegründetheit des Adhäsionsantrages ist gem. § 406 I 3 StPO ohnehin in Form der Absehensentscheidung außerhalb der Hauptverhandlung durch Beschluss möglich.

Die durch das Opferrechtsreformgesetz neu eingeführte Regelung in § 406a II 3 StPO, wonach auf Antrag des Angeklagten oder des Antragstellers eine mündliche Anhörung der Beteiligten statt zu finden hat, wenn das zulässige Rechtsmittel die Berufung ist, wird allgemein als überflüssig kritisiert.[317] Diese Kritik wird damit begründet, dass nach der Neufassung nunmehr neben der Berufungsverhandlung eine weitere mündliche Verhandlung ohne Schöffen vorgesehen sei, was überflüssig sei, da das Berufungsgericht den Antragsteller in der Berufungsverhandlung anhören könne.[318] Tatsächlich dürfte sich § 406a II 2 jedoch nur auf die Fälle beziehen, in denen der Angeklagte gerade gegen den strafrechtlichen Teil des Urteils keine Berufung ein-

---

313 SK-StPO/Velten, § 406a Rn 7.
314 SK-StPO/Velten, § 406a Rn 7.
315 BGH, NStZ 1988, 470.
316 BGH, NStZ 1988, 470.
317 Meyer-Goßner, § 406a Rn 6; KMR-StPO/Stöckel, § 406a Rn 6.
318 Meyer-Goßner, § 406a Rn 6.

gelegt hat, was sich aus § 406a II 1 StPO ergibt. § 406a II 3 StPO ist nach der hier vertretenen Auffassung als Sonderregelung für die Fälle zu verstehen, für die § 406a II StPO insgesamt eine Regelung trifft.

3. Wiederaufnahme des Verfahrens

216   Gem. § 406c StPO kann der Angeklagte auch den Antrag auf Wiederaufnahme des Verfahrens allein gegen den zivilrechtlichen oder den strafrechtlichen Teil des Urteils richten. In beiden Fällen gelten die Vorschriften der StPO, nicht die der ZPO.[319]

Das Ziel des Wiederaufnahmeverfahrens muss nach dem Wortlaut des § 406c I StPO sein, sofern es nur den zivilrechtlichen Teil betreffen soll, eine wesentlich andere Entscheidung über den Anspruch herbeizuführen. Wesentlich ist dabei jede Abänderung der Entscheidung, die den Anspruch dem Grunde nach verneint, zu einer Anspruchsteilung wegen Mitverschuldens oder zu einer im Hinblick auf die Gesamtforderung nicht nur unwesentlichen Modifizierung der Bemessung führt.[320]

Die Entscheidung ergeht in diesen Fällen ohne Erneuerung der Hauptverhandlung durch Beschluss, § 406c I 2 StPO.

Auch im Wiederaufnahmeverfahren gilt, dass der zivilrechtliche Anspruch nicht aberkannt werden kann, sondern das Gericht auch hier für den Fall, dass es den Anspruch ganz oder teilweise nicht zusprechen will, von einer Entscheidung abzusehen hat.

4. Rechtsmittel gegen Kostenentscheidung

217   Sofern eine für den Adhäsionskläger nachteilige Kostenentscheidung ergeht, beispielsweise in Fällen einer Antragsrücknahme, stellt sich die Frage, ob die daraufhin ergehende Kostenentscheidung mit der Kostenbeschwerde gem. § 464 III 1 StPO angefochten werden kann. Eine solche Kostenbeschwerde ist jedoch grundsätzlich unzulässig, wenn eine Anfechtung der Hauptentscheidung durch den Beschwerdeführer nicht statthaft ist, vgl § 464 III 1 Hs 2 StPO. Dies dürfte in Fällen einer für den Adhäsionskläger nachteiligen Entscheidung der Fall sein. Hauptentscheidung im Sinne des § 464 III 1 StPO ist im Falle eines Antrages nach § 403 ff StPO die Entscheidung des Strafgerichts über den vermögensrechtlichen Entschädigungsanspruch. Sofern das Strafgericht dem Antrag ganz oder teilweise nicht statt gibt und von einer Entscheidung absieht, steht dem Antragsteller kein Rechtsmittel zu. Demnach ist auch eine Kostenbeschwerde gem. § 464 III 1 StPO unzulässig.[321]

---

[319] KMR-StPO/Söckel, § 406c Rn 1; SK-StPO/Velten, § 406c Rn 2; Löwe-Rosenberg/Hilger, § 406c Rn 1.
[320] SK-StPO/Velten, § 406c Rn 2; KMR-StPO/Stöckel, § 406c Rn 2; Löwe-Rosenberg/Hilger, § 406c Rn 2.
[321] OLG Düsseldorf, RPfl 1989, 77.

X. Die Bewilligung von Prozesskostenhilfe

Nach § 404 V StPO ist die Bewilligung von Prozesskostenhilfe für das Adhäsionsverfahren sowohl für den Antragsteller als auch für den Angeschuldigten möglich.

218

1. Das Verfahren
a) Die Antragstellung

Der Antrag auf Bewilligung von Prozesskostenhilfe kann gestellt werden, sobald die Klage (öffentliche oder Privatklage) erhoben ist, § 404 V 1 StPO. Im Strafbefehlsverfahren bedeutet dies, dass eine Antragstellung möglich ist, sobald Termin zur Hauptverhandlung gemäß § 411 StPO anberaumt worden ist.[322] Er ist bei dem Prozessgericht zu stellen und kann auch zu Protokoll der Geschäftsstelle erklärt werden, und zwar nach § 129 a ZPO auch zu Protokoll der Geschäftsstelle an einem anderen Amtsgericht.

219

Der Antrag auf Bewilligung von Prozesskostenhilfe kann bis zum Abschluss der Instanz gestellt werden. Im Regelfall wirkt die Bewilligung auf den Zeitpunkt des Antragseingangs zurück[323].

Das Verfahren, in dem über den Prozesskostenhilfeantrag entschieden wird, richtet sich nach §§ 117 ff ZPO. § 404 V 1 StPO verweist nämlich auf die Vorschriften „wie in bürgerlichen Rechtsstreitigkeiten", also auf die §§ 114 ff ZPO.

Die Antragstellung ist in § 117 ZPO geregelt. Nach § 117 I 2 ZPO ist in dem Antrag das Streitverhältnis unter Angabe der Beweismittel darzustellen. Vorzutragen ist also der beabsichtigte Antrag sowie die tatsächlichen Behauptungen unter Angabe der Beweismittel. Sowohl der Adhäsionskläger als auch der Angeklagte dürfen hier auf die Anklage und den Akteninhalt verweisen.[324] Der Adhäsionskläger kann seinen Antrag auf Bewilligung von Prozesskostenhilfe mit dem Adhäsionsantrag verbinden. Er muss dann allerdings deutlich machen, ob es sich zunächst nur um einen Prozesskostenhilfeantrag handelt oder ob der Adhäsionsantrag sogleich zugestellt werden soll.

220

Gemäß § 117 II, IV ZPO hat der Antragsteller dem Antrag auf Bewilligung von Prozesskostenhilfe auf einem amtlichen Vordruck eine Erklärung über die wirtschaftlichen Verhältnisse zusammen mit entsprechenden Belegen beizufügen. Eine Partei, die nach dem SGB XII laufende Hilfe zum Lebensunterhalt bezieht, braucht die Fragen E – J des amtlichen Vordrucks nicht zu beantworten, wenn sie der Erklärung den letzten Bewilligungsbescheid beifügt. Soweit eine Partei laufende Hilfe zum Lebensunterhalt bezieht, wird die Bedürftigkeit nach § 114 ZPO vermutet.

Diese Erklärung betreffend die wirtschaftlichen und persönlichen Verhältnisse soll die gerichtliche Prüfung der persönlichen und wirtschaftlichen Voraussetzungen für die Bewilligung (§§ 114, 115 ZPO) im Verfahren nach § 118 ZPO ermöglichen. Feh-

---

322 KMR/Stöckel, § 404 Rn 20.
323 Zöller/Philippi, § 119 Rn 39, 41.
324 Löwe-Rosenberg/Hilger, § 404 Rn 25.

len die Belege, so hat das Gericht vor Ablehnung des Antrages auf ihre Vorlage hinzuwirken, § 118 II ZPO.

Das Bewilligungsverfahren ist in §§ 118, 119 ZPO geregelt. Dem Antragsgegner muss rechtliches Gehör gewährt werden. Dies geschieht durch formlose Übersendung des Prozesskostenhilfegesuchs mit Gelegenheit zur Stellungnahme innerhalb einer bestimmten Frist. Dabei werden die Angaben zu den persönlichen und wirtschaftlichen Verhältnissen gemäß § 117 II 2 ZPO nicht mit übersandt.

b) Die Entscheidung

221 Über den Antrag entscheidet das mit der Strafsache befasste Gericht. Aus Gründen der Verfahrensbeschleunigung ist der die Prozesskostenhilfe zurückweisende Beschluss des Strafrichters nicht anfechtbar, § 404 V 3 StPO. Das Strafverfahren soll nicht durch ein Beschwerdeverfahren über Prozesskostenhilfe belastet oder verzögert werden. Auch eine Beschwerde der Staatskasse ist nicht zulässig.[325]

Die Bewilligung der Prozesskostenhilfe gilt stets nur für das Verfahren in einem Rechtszug; bei einem über den prozessual geltend gemachten Anspruch hinausgehenden Prozessvergleich kann das Gericht auf Antrag die bewilligte Prozesskostenhilfe ausdehnen.[326] Ein Prozesskostenhilfe ganz oder teilweise ablehnender Beschluss sollte stets kurz begründet werden, obwohl eine Beschwerde gegen den Beschluss gemäß § 404 V 3 StPO nicht möglich ist – sonst wird der Anspruch des Antragstellers auf rechtliches Gehör aus Artikel 103 I GG verletzt. Die Ablehnung kann entweder auf die fehlende Erfolgsaussicht des Klagebegehrens oder aber auf das Fehlen der persönlichen und wirtschaftlichen Voraussetzungen gestützt werden. Soweit die Ablehnung der Prozesskostenhilfe auf das Fehlen der persönlichen und wirtschaftlichen Verhältnisse gestützt wird, erhält der Gegner hiervon keine Kenntnis, § 127 I 3 ZPO.

222 Die Entscheidung betreffend den Prozesskostenhilfeantrag sollte enthalten:
- Ausspruch über Bewilligung der Prozesskostenhilfe (eventuell Umfang der Bewilligung und/oder vom Antragsteller zu zahlende Monatsraten)
- Beiordnung eines Rechtsanwaltes gemäß § 121 I ZPO
- Kurze Begründung der Entscheidung, soweit eine (teilweise) Ablehnung erfolgt
- Keine Kostenentscheidung bzw ein klarstellender Ausspruch wie folgt: „Die Entscheidung ergeht gerichtsgebührenfrei; außergerichtliche Kosten werden nicht erstattet".

In den Gründen des Beschlusses kann auf §§ 1 GKG, 118 I 4 ZPO verwiesen werden.

2. Die Voraussetzungen für die Bewilligung von Prozesskostenhilfe

a) Die tatsächlichen und wirtschaftlichen Verhältnisse des Antragstellers

223 Nach § 114 I 1 ZPO darf die Partei nach ihren persönlichen und wirtschaftlichen Verhältnissen nicht, nur zum Teil oder nur in Raten in der Lage sein, die Kosten der

---

325 Löwe-Rosenberg/Hilger, § 404 Rn 27.
326 Thomas/Putzo/Reichold, § 119 Rn 11.

X. Die Bewilligung von Prozesskostenhilfe

Prozessführung aufzubringen. Gemäß § 115 I 1 ZPO hat der Antragsteller sein Einkommen einzusetzen. Maßgebend ist gemäß § 115 I 2 ZPO das Bruttoeinkommen, also das Arbeitseinkommen einschließlich Urlaubs- und Weihnachtsgeld, Kindergeld, Zinsen aus Darlehen und Sparguthaben, Mieteinnahmen und Sachbezüge, soweit sie Geldwert haben, wie zum Beispiel eine freie Wohnung.[327]

Vom Bruttoeinkommen sind sodann notwendige Abzüge vorzunehmen, um das tatsächlich der Partei zur Verfügung stehende Nettoeinkommen festzustellen. Dies sind:

- Die in § 82 II SGB XII genannten Belastungen (§ 115 I 3 Nr. 1 ZPO), Steuern, Sozialabgaben und der Erwerbstätigenbonus.
- Freibeträge für die Partei, deren Ehegatten/Lebenspartner und weitere Unterhaltsberechtigte (§ 115 I 3 Nr. 2 ZPO). Die maßgebenden Beträge werden im Bundesgesetzblatt bekannt gemacht, und zwar immer für die Zeit vom 1. Juli bis 30. Juni des Folgejahres. Zu beachten ist noch, dass eigenes Einkommen der unterhaltsberechtigten Person auf die Unterhaltsfreibeträge anzurechnen ist. Die Beträge betragen derzeit (bis 30. Juni 2008)
  - der Erwerbstätigenbonus nach § 115 I 3 Nr. 1 ZPO 174 €
  - der Freibetrag für die Partei und ihren Ehegatten/Lebenspartner je 382 €
  - für jede weitere Person, der der Antragsteller gesetzlich Unterhalt leistet 267 €
- Kosten für Unterkunft und Heizung gemäß § 115 III 3 Nr. 3 ZPO
- Weitere Beträge nach § 115 III 3 Nr. 4 ZPO, soweit sie für die Partei eine besondere Belastung darstellen, zum Beispiel Schulden im Rahmen eines Tilgungsplans, hohe Arztkosten etc.[328]

Die Einkommens- und Vermögensverhältnisse könne demnach wie folgt berechnet werden:

Musterformular:

Nettoeinkommen monatlich einschließlich
anteiliges Urlaubs- und Weihnachtsgeld   _____ €

Hiervon werden folgende Beträge in Abzug gebracht:

☐ Abschlag für Erwerbstätige (174 €)   – _____ €

☐ Unterkunft/Heizung   – _____ €

☐ Versicherungsbeiträge   – _____ €

☐ Angemessene Zins- und Tilgungsraten   – _____ €

☐ Freibetrag für den Antragsteller (382 €)   – _____ €

☐ Freibetrag für Ehegatten/Lebenspartner
  (382 € abzüglich etwaiges Einkommen des Ehegatten/
  Lebenspartners)[329]   – _____ €

---

[327] Zöller-Philippi, § 115 Rn 10.
[328] Zöller-Philippi, § 115 Rn 38 ff.
[329] Es werden keine Negativbeträge in Abzug gebracht; übersteigt das Einkommen des Ehegatten den Freibetrag von 382 €, erfolgt dementsprechend kein Abzug; liegt das Einkommen des Ehegatten unter 382 €, zB bei 200 € monatlich, wären noch 182 € in Abzug zu bringen.

☐ Freibetrag für jede weitere Person, die naturalunterhalts-
berechtigt ist, also _____ x 267 € (abzüglich Einkommen
des jeweiligen Unterhaltsberechtigten),[330] insgesamt also − _____ €

☐ Sonstige Belastungen − _____ €

Einzusetzendes Einkommen = _____ €

226 Inwieweit das auf diese Weise ermittelte einzusetzende Einkommen für die Prozessführung einzusetzen ist, wird durch die Tabelle in § 115 II ZPO festgelegt. Je nach der Höhe des Einkommens müssen von dem Antragsteller bestimmte monatliche Raten eingesetzt werden, allerdings höchstens 48 Monatsraten. Die Tabelle ist Bestandteil des § 115 I 4 ZPO. Sie weist derzeit (Stand 2007) nachfolgende Beträge aus:

einzusetzenden Einkommen (€)	eine Monatsrate von (€)
bis 15	0
50	15
100	30
150	45
200	60
250	75
300	95
350	115
400	135
450	155
500	175
550	200
600	225
650	250
700	275
750	300
über 750	300 zuzüglich des 750 übersteigenden Teils des einzusetzenden Einkommens

Übersteigt das ermittelte Einkommen des Antragstellers 15 € nicht, zahlt er keine Raten. Eine Partei, die Raten zu zahlen hat, wird nach 48 Raten endgültig von den Kosten befreit.

227 Eine weitere Einschränkung enthält § 115 IV ZPO. Danach wird Prozesskostenhilfe nicht bewilligt, soweit die Kosten der Prozessführung der Partei 4 Monatsraten und die aus dem Vermögen aufzubringenden Teilbeträge voraussichtlich nicht übersteigen. D. h.: entstehen Kosten, die vier Monatsraten nicht übersteigen, so ist es der Partei zuzumuten, sich die erforderlichen Mittel auf andere Weise, zB durch einen

---

330 Es werden keine Negativbeträge in Abzug gebracht; übersteigt das Einkommen des jeweiligen Unterhaltsberechtigten den Freibetrag von 267 €, erfolgt dementsprechend kein Abzug; liegt dass Einkommen des Unterhaltsberechtigten unter 267 €, zB bei 200 € monatlich, wären noch 67 € in Abzug zu bringen.

Kredit zu beschaffen.³³¹ Die voraussichtlichen Kosten sind wie folgt zu berechnen: Zunächst ist der Streitwert zu ermitteln. Sodann sind die voraussichtlichen Kosten des Rechtsstreites zu bestimmen, wobei vom beabsichtigten Klageantrag des Antragstellers auszugehen ist. In Ansatz zu bringen sind alle vom Antragsteller zum Erstreiten eines obsiegenden Urteils notwendigen Verfahrenskosten; dazu gehören nicht die außergerichtlichen Kosten des Gegners. Prozesskostenhilfe erhält, wer die *eigenen* Prozesskosten nicht, nur zum Teil oder nur in Raten aufbringen kann, schützt aber nicht vor Kostenerstattungsansprüchen des Gegners.³³²

b) Die beabsichtigte Rechtsverfolgung oder Rechtsverteidigung muss hinreichende Aussicht auf Erfolg bieten und darf nicht mutwillig erscheinen, § 114 S. 1 ZPO

Dies bedeutet für den Prozesskostenhilfeantrag des Adhäsionsklägers: 228

Der Klageantrag im Adhäsionsverfahren muss zulässig und die beabsichtigte Klage muss schlüssig sein. Der Adhäsionskläger braucht nur Tatsachen vorzutragen, wobei ein Verweis auf die Anklageschrift und die Akte möglich ist.

Im Rahmen der Prüfung der Erfolgsaussicht hat das Gericht auch zu prüfen, ob die 229 vom Adhäsionskläger vorgetragenen Tatsachen bei der Hauptsacheentscheidung voraussichtlich zum Zuge kommen können. Das ist immer dann gegeben, wenn der Tatsachenvortrag von dem Antragsgegner – hier dem Angeklagten – nicht bestritten wird, also wenn er geständig ist. Soweit er die ihm zur Last gelegte Tat, zB die Körperverletzung bestreitet, ist zu prüfen, ob der Adhäsionskläger Beweis angetreten hat und ob diese Beweisanträge wenigstens einen Beweis als möglich erscheinen lassen. Das Gericht prüft also, ob Zeugen zur Verfügung stehen, die ggf die dem Angeklagten zur Last gelegte Tat bestätigen könnten. Eine Vorwegnahme der Beweiswürdigung ist allerdings ausgeschlossen.

Das Gericht prüft bereits hier ein etwaiges Mitverschulden des Adhäsionsklägers, welches sich bereits aus seinem eigenen Vortrag ergeben kann und hat dann ggf insoweit die Bewilligung von Prozesskostenhilfe – teilweise – zurückzuweisen. Des Weiteren hat das Gericht auch an dieser Stelle die Höhe des geltend gemachten Schadensersatz- oder Schmerzensgeldanspruchs zu prüfen. Soweit es den geltend gemachten Schmerzensgeldanspruch angesichts der vom Kläger vorgetragenen Verletzungen für zu hoch hält, ist die Prozesskostenhilfe bzgl des nicht schlüssigen, überhöhten Teils zurückzuweisen. Der Adhäsionskläger kann sodann seinen Adhäsionsantrag entsprechend stellen bzw korrigieren. Auf diese Weise vermeidet er eine für ihn ungünstige Kostenentscheidung. Hinzu kommt, dass auch die bewilligte Prozesskostenhilfe sich nicht auf die Kostenerstattungsansprüche des Gegners erstreckt. § 122 ZPO stellt die Partei nicht von den Kosten des Gegners, sondern nur von den eigenen Gerichts- und Anwaltskosten frei. Dementsprechend soll auch das über den Prozesskostenhilfeantrag des Adhäsionsklägers entscheidende Gericht die Schlüssigkeit des geltend gemachten Adhäsionsantrages hinsichtlich Grund und Höhe sorgfältig prüfen und nur insoweit Prozesskostenhilfe bewilligen, als auch eine Erfolgsaussicht besteht.

---

331 Zöller-Phillipi, § 115 Rn 77.
332 Zöller-Phillipi, § 114 Rn 15 sowie § 115 Rn 79.

Dies ist auch im Interesse des Adhäsionsklägers. Mit dem den Adhäsionsantrag – teilweise – ablehnenden Beschluss kommt der Strafrichter gleichzeitig seiner Hinweispflicht nach § 139 ZPO, welcher im Adhäsionsverfahren entsprechend heranzuziehen ist, nach.[333] § 139 ZPO muss nämlich auch im Adhäsionsverfahren Anwendung finden, da der Adhäsionskläger einen zivilrechtlichen Anspruch in diesem Verfahren geltend macht. Dadurch dass er die kostengünstigere und einfachere Art der Rechtsverfolgung wählt, braucht er keine Nachteile in Kauf zu nehmen.

230 Dies bedeutet für den Prozesskostenhilfeantrag des Angeklagten:

Bezüglich des Angeklagten bestehen Erfolgsaussichten hinsichtlich der Rechtsverteidigung, wenn die Klage unschlüssig ist oder wenn er Tatsachen vorträgt, die zur Klageabweisung führen können. Für das Adhäsionsverfahren bedeutet dies, dass der Angeklagte dann Prozesskostenhilfe erhalten kann, wenn er die ihm zur Last gelegte Tat bestreitet und hierfür auch Zeugen benennt.

Soweit er geständig ist und den geltend gemachten Anspruch anerkennt, verteidigt er sich nicht und erhält auch keine Prozesskostenhilfe. Etwas anderes gilt nur dann, wenn er sofort anerkennt und zur Klageerhebung keinen Anlass gegeben hat. Dann ist Prozesskostenhilfe zu gewähren.[334]

3. Die Beiordnung eines Rechtsanwaltes, § 404 V 2 StPO

231 Ein Rechtsanwalt wird gem. § 121 I ZPO beigeordnet, soweit eine Vertretung durch Anwälte vorgeschrieben ist (Anwaltsprozess). Des Weiteren wird ein Rechtsanwalt gem. § 121 II ZPO beigeordnet, wenn die Vertretung durch einen Rechtsanwalt erforderlich erscheint oder der Gegner durch einen Rechtsanwalt vertreten ist. Ob eine Vertretung erforderlich erscheint, ist im Einzelfall zu beurteilen nach der Schwierigkeit der Sach- und Rechtslage und der persönlichen Verhältnisse der Partei, insbesondere nach ihrer Fähigkeit sich mündlich und schriftlich auszudrücken. Zu beachten ist, dass der Gegner des Adhäsionsklägers, also der Angeklagte, nur dann anwaltlich vertreten im Sinne des § 121 II ZPO ist, wenn der Verteidiger auch hinsichtlich des Adhäsionsantrages tätig wird[335].

§ 404 V 2 StPO bestimmt ferner, dass dem Verletzten sein Verteidiger sowie dem Adhäsionskläger sein Beistand nach § 406 f StPO beigeordnet werden soll, falls diese bereits vorhanden sind. § 404 V 2 StPO will die Zahl der insgesamt im Verfahren mitwirkenden Rechtsanwälte möglichst begrenzen.[336]

232 Sowohl der Nebenklägervertreter als auch der Verteidiger haben nach der hier vertretenen Auffassung (aA Ferber, Rn 43 ff) darauf zu achten, dass sich die bewilligte Prozesskostenhilfe für die Nebenklage bzw die Bestellung als notwendiger Verteidiger nicht auf das Adhäsionsverfahren erstreckt, sondern hierfür vielmehr die gesonderte Bewilligung von Prozesskostenhilfe notwendig ist:

---

333 Vgl. zur Hinweispflicht Rn 27 ff.
334 Zöller-Phillipi, § 114 Rn 25.
335 KMR/Stöckel, § 404 Rn 22.
336 KMR/Stöckel, § 404 Rn 22.

- Wird dem Nebenkläger gem. § 397 a I StPO ein Rechtsanwalt als Beistand bestellt, so erstreckt sich die Beiordnung nicht auf das Adhäsionsverfahren. Der Rechtsanwalt ist daher nicht befugt, für den Nebenkläger vermögensrechtliche Ansprüche gegen den Angeklagten im Adhäsionsverfahren einzuklagen und seine diesbezüglichen Gebühren gegen die Staatskasse geltend zu machen (es sei denn, er wurde dem Nebenkläger im Rahmen der Gewähr von Prozesskostenhilfe gem. §§ 404 V 2 StPO, 121 II ZPO gesondert für das Adhäsionsverfahren beigeordnet).[337]

- Nach § 404 V StPO soll Prozesskostenhilfe für das Adhäsionsverfahren u.a. nämlich nur dann gewährt werden, wenn der vom Adhäsionskläger geltend gemachte vermögensrechtliche Anspruch Aussicht auf Erfolg hat und nicht mutwillig erscheint (§§ 404 V 1 StPO, 114 ff ZPO). Damit soll verhindert werden, dass die Staatskasse mit Gebührenansprüchen belastet wird, die durch das Einklagen nicht bestehender oder überhöhter Ersatzansprüche im Adhäsionsverfahren entstehen. Dem könnte aber nicht mehr vorgebeugt werden, wenn der dem Nebenkläger nach § 397 a I StPO bestellte anwaltliche Beistand ohne weitere gerichtliche Prüfung auch im Adhäsionsverfahren für den Nebenkläger auftreten und für diesen jegliche Forderungen ohne Rücksicht auf deren Erfolgsaussicht geltend machen könnte.[338]

- Die Bestellung als notwendiger Verteidiger gem. § 140 I Nr. 2 StPO umfasst nach der hier vertretenen Auffassung (aA Ferber, Rn 43 ff) ebenfalls nicht die Interessenwahrnehmung des Beschuldigten zur Abwehr privatrechtlicher Ansprüche des Verletzten im Adhäsionsverfahren. Eine Gebühr erhält der Verteidiger nur bei gerichtlicher Bewilligung von Prozesskostenhilfe für das Adhäsionsverfahren. Während die Bestellung als Pflichtverteidiger im Falle der Notwendigkeit ohne Prüfung weiterer Kriterien erfolgt, ist die Bewilligung von Prozesskostenhilfe an die Voraussetzungen der §§ 114 ff ZPO, nämlich Prozesskostenarmut und Prüfung der Erfolgsaussichten des Verteidigungsvorbringens geknüpft.

4. Die Wirkung der Bewilligung

Die Partei, welche Prozesskostenhilfe erhält, wird nach § 121 I Nr. 1 ZPO von Gerichts- und Gerichtsvollzieherkosten befreit. Soweit eine Ratenzahlung angeordnet worden ist, wird diese eingestellt, soweit der Gegner rechtskräftig zur Kostenübernahme verurteilt worden ist.

Der beigeordnete Rechtsanwalt macht seine Ansprüche nicht gegen die Partei, sondern gegen die Staatskasse geltend, § 45 RVG. Soweit die Partei den Prozess gewonnen hat, hat die unterlegene Partei die Kosten des beigeordneten Rechtsanwalts zu tragen, und zwar nicht die Vergütung nach § 49 RVG, sondern die nach § 13 RVG.

---

337 KMR/Stöckel, § 404 Rn 22.
338 BGH, Beschl. v. 30.3.2001, NJW 2001, 2486, 2488.

5. Problem: Prozesskostenhilfe für Zivilverfahren bei Möglichkeit des Adhäsionsverfahrens

Nach § 114 I 1 ZPO ist Prozesskostenhilfe auch dann zu versagen, wenn die beabsichtigte Rechtsverfolgung mutwillig erscheint. Eine Rechtsverfolgung ist mutwillig, wenn eine verständige, nicht hilfsbedürftige Partei ihre Rechte nicht in gleicher Weise verfolgen würde.[339] Mutwillig ist eine Klage danach zB dann, wenn das Klageziel einfacher erreicht werden kann oder wenn der kostspieligere von zwei gleichen prozessualen Wegen beschritten wird.[340]

234 Da der Verletzte seine Ansprüche gegen den Schädiger sowohl im Zivilverfahren als auch im Adhäsionsverfahren geltend machen kann, soweit ein Strafverfahren gegen den Schädiger stattfindet, stellt sich die Frage, ob dem Geschädigten die beantragte Prozesskostenhilfe für die Geltendmachung seiner Schadensersatz- und Schmerzensgeldansprüche wegen Mutwilligkeit im Zivilverfahren zu versagen ist, soweit eine gerichtliche Geltendmachung im Adhäsionsverfahren möglich ist.

235 Das Landgericht Itzehoe hat diese Fragestellung mit Beschluss vom 2.7.2001[341] verneint und hierzu ausgeführt, die Prozesskostenhilfe sei nicht mit der Begründung zu versagen, die Rechtsverfolgung vor dem Zivilgericht sei deshalb mutwillig, weil auch eine Rechtsverfolgung im Adhäsionsverfahren möglich sei. Zwar sei das Adhäsionsverfahren zunächst kostengünstiger und auch im Hinblick auf die psychischen Belastungen des Geschädigten vorteilhafter; dennoch könne die Durchführung des Zivilverfahrens nicht als mutwillig angesehen werden. Zum einen bestehe für den Antragsteller das Risiko des Absehens von einer Entscheidung nach § 405 S. 2 StPO (aF) zum anderen treffe den Antragsteller das Kostenrisiko für zwei oder gar drei Instanzen. Soweit dann noch ein Zivilverfahren durchlaufen werden müsse, habe der Antragsteller letztendlich das Kostenrisiko für vier Instanzen zu tragen. Darüber hinaus sei der Erlass eines Anerkenntnisurteils ausgeschlossen. Auch die Möglichkeit eines Vergleichs sei zweifelhaft.

236 Die Entscheidung des Landgerichts Itzehoe entspricht nicht der neuen Gesetzeslage welche durch das am 1.9.2004 in Kraft getretene Opferrechtsreformgesetz entstanden ist. Gerade bei Schmerzensgeldansprüchen ist nunmehr ein Absehen von einer Entscheidung nach § 405 I 6 StPO nur noch nach § 405 I 3 StPO zulässig, kommt also nur noch in Betracht, soweit der Antrag unzulässig oder unbegründet erscheint. Insbesondere das Absehen von einer Entscheidung mit der Begründung, der Antrag sei zur Entscheidung im Strafverfahren nicht geeignet, ist nunmehr ausgeschlossen. Auch das Argument des Landgerichts Itzehoe, der Erlass eines Anerkenntnisurteils oder Vergleichs sei im Adhäsionsverfahren nicht möglich, läuft nunmehr nach Inkrafttreten des Opferrechtsreformgesetzes ins Leere. Der Erlass eines Anerkenntnisurteils ist jetzt nach § 406 II StPO möglich; die Möglichkeit des Abschlusses eines Vergleichs ergibt sich aus § 405 I StPO.

---

339 Zöller-Phillipi, § 114 Rn 30.
340 Zöller-Phillipi, § 114 Rn 31, 34.
341 NJOZ 2002, 849 f.

Schließlich ist zu bedenken, dass die Partei bei Vorliegen der Voraussetzungen der §§ 114 ff ZPO auch für die Durchführung des Adhäsionsverfahrens Prozesskostenhilfe erhalten kann. Insofern ist das Kostenrisiko als gering zu bewerten. Es sprechen mithin mehr Argumente dafür, die Mutwilligkeit der Rechtsverfolgung von Schmerzensgeldansprüchen im Zivilprozess zu bejahen, falls die Rechtsverfolgung im kostengünstigeren Adhäsionsverfahren möglich ist. Dies gilt umso mehr dann, wenn der Antragsteller bereits als Nebenkläger am Strafverfahren beteiligt ist. Unter diesen Umständen dürfte es für ihn auch unter dem Gesichtspunkt der psychischen Belastung von Vorteil sein, die Angelegenheit in einem Verfahren zum Abschluss zu bringen. Unter diesen Umständen sollte die Bewilligung von Prozesskostenhilfe für das Zivilverfahren wegen Mutwilligkeit versagt werden.

Muster: Prozesskostenhilfebeschlüsse 237

Beispiel 1: Prozesskostenhilfe wird in vollem Umfang bewilligt

Amtsgericht/Landgericht ...

Az:

Beschluss

In der Strafsache

gegen ...

geb. am ...,

wohnhaft in ...

...

Verteidiger: Rechtsanwalt/in ... ,

wegen Körperverletzung u.a.

hat das Amtsgericht/Landgericht ...

durch den/die Richter/in ...

am ... beschlossen:

Dem Nebenkläger/Adhäsionskläger wird für das Adhäsionsverfahren Prozesskostenhilfe bewilligt.

Zur Wahrnehmung seiner Rechte im Adhäsionsverfahren wird ihm sein Beistand Rechtsanwalt/in ... beigeordnet.

Beispiel 2: Ablehnung von Prozesskostenhilfe für den Adhäsionskläger, da die persönlichen und wirtschaftlichen Verhältnisse eine Bewilligung nicht zulassen.

Amtsgericht/Landgericht ...

Az:

Beschluss

In der Strafsache

gegen ...

	geb. am ...,
	wohnhaft in ...
	...
Verteidiger:	Rechtsanwalt/in ...,
wegen	sexueller Nötigung

hat das Amtsgericht Meppen

durch den/die Richter/in ...

am ... beschlossen:

Der Antrag des Adhäsionsklägers vom 3.3.2007 auf Bewilligung von Prozesskostenhilfe wird zurückgewiesen.

Die Entscheidung ergeht gerichtsgebührenfrei; außergerichtliche Kosten werden nicht erstattet.

Gründe:

Der Adhäsionskläger hat einen Anspruch auf Rechtsschutzgewährung aus seiner Rechtsschutzversicherung gegenüber .... Dieser Anspruch ist gegenüber der Prozesskostenhilfe des Staates vorrangig, § 115 II ZPO.

Die Kostenentscheidung beruht auf §§ 1 GKG, 118 I 4 ZPO.

Unterschrift Richter

Beispiel 3: Teilweise Ablehnung von Prozesskostenhilfe für den Adhäsionskläger wegen mangelnder Erfolgsaussicht (beabsichtigte Klage auf Schmerzensgeld in Höhe von 5.000 €; Prozesskostenhilfe für 3.000 €)

Amtsgericht/Landgericht ...

Az:

Beschluss

In der Strafsache

gegen	...
	geb. am ...,
	wohnhaft in ...
	...
Verteidiger:	Rechtsanwalt/in ...,
wegen	

hat das ... durch den/die Richter/in ... am ... beschlossen:

Auf den Antrag des Adhäsionsklägers vom 5.4.2007 wird diesem Prozesskostenhilfe bewilligt, soweit er beantragt, den Angeklagten zur Zahlung eines Schmerzensgeldes in Höhe von 3.000 € nebst Zinsen hieraus in Höhe von 5 Prozentpunkten über dem Basiszinssatz seit dem 11.11.2006 zu zahlen.

Im Übrigen wird der Antrag auf Bewilligung von Prozesskostenhilfe zurückgewiesen.

Die Entscheidung ergeht gerichtsgebührenfrei; außergerichtliche Kosten werden nicht erstattet.

Gründe:

Mit dem Adhäsionsantrag macht der Antragsteller ein Schmerzensgeld in Höhe von 5.000 € nebst Verzugszinsen geltend. Er behauptet, durch den Schlag des Angeklagten ins Gesicht sei er 6 Wochen arbeitsunfähig krank gewesen. Er habe Prellungen und Schürfungen im Gesicht, insbesondere unter dem rechten Auge davongetragen. Des Weiteren habe er durch den Sturz einen Bänderriss am linken Fuß erlitten .... Auf Grund der vom Adhäsionskläger vorgetragenen und auch nachgewiesenen Verletzungen hält das Gericht allenfalls ein Schmerzensgeld in Höhe von 3.000 € für angemessen, aber auch ausreichend.

Die Kostenentscheidung beruht auf den §§ 1 GKG, 118 I 4 ZPO.

Unterschrift Richter/in

Beispiel 4: Teilweise Bewilligung von Prozesskostenhilfe bei Mitverschulden des Adhäsionsklägers (Antrag auf Feststellung einer Verpflichtung des Angeklagten auf Zahlung von Schadensersatz und Schmerzensgeld in vollem Umfang; Richter geht auf Grund des Tathergangs, wie er in der Anklageschrift geschildert ist, von einem Mitverschulden in Höhe von 1/3 aus).

Amtsgericht/Landgericht ....

Az:

Beschluss

In der Strafsache

gegen ...

geb. am ...,

wohnhaft in ...

...

Verteidiger: Rechtsanwalt/in ... ,

wegen

hat das ... durch den/die Richter/in ... am ... beschlossen:

Dem Adhäsionskläger wird auf seinen Antrag vom 6.6.2007 Prozesskostenhilfe für das Adhäsionsverfahren bewilligt, soweit er beantragt festzustellen, dass der Angeklagte verpflichtet ist, ihm 2/3 des ihm aus dem Vorfall vom ... entstandenen materiellen und immateriellen Schadens zu ersetzen.

Im Übrigen wird der Antrag auf Bewilligung von Prozesskostenhilfe zurückgewiesen.

Die Entscheidung ergeht gerichtsgebührenfrei; außergerichtliche Kosten werden nicht erstattet.

Gründe:

Der Adhäsionskläger bezieht sich mit seinem Adhäsionsantrag auf die Anklageschrift. Danach steht aber fest, dass der Adhäsionskläger selbst den Angriff des Angeklagten provoziert hat, in dem er ihn beleidigt und mit nachfolgenden Worten provoziert hat … Das Gericht geht daher von einem Mitverschulden in Höhe von 1/3 zu Lasten des Adhäsionsklägers aus. Prozesskostenhilfe war daher zu bewilligen, soweit der Adhäsionskläger beantragt festzustellen, dass der Angeklagte ihm 2/3 des entstandenen Schadens zu ersetzen hat.

Die Kostenentscheidung beruht auf §§ 1 GKG, 118 I 4 ZPO.

Unterschrift Richter/in

XI. Gebührenrecht

1. Allgemeines

Am 1.7.2004 trat das Rechtsanwaltsvergütungsgesetz (RVG) in Kraft. Es löste die Bundesrechtsanwaltsgebührenordnung (BRAGO) ab. Ziel der Neuregelung war es u.a., im Bereich der Strafverfahren, sowohl die Vergütung des Wahl- als auch die des Pflichtverteidigers zu verbessern.

238

Struktur und Systematik unterscheiden sich grundlegend von der BRAGO. Das RVG gliedert sich in einen Paragraphenteil, dem ein Vergütungsverzeichnis folgt. Dieses enthält mehr als 250 einzelne Gebühren- und Auslagentatbestände.

Das RVG erfasst auch das **Adhäsionsverfahren**. Speziell erwähnt ist dieses Verfahren in den Nr. 4143 und 4144 des Vergütungsverzeichnisses (VV) zum RVG.

2. Systematik und Anwendungsbereich

a) Anwendungsbereich

Der Anwendungsbereich und die Reichweite des Gesetzes erschließen sich weitgehend aus dem Gesetz selbst.

239

Die Vergütung in Strafsachen ist in Teil 4 des Vergütungsverzeichnisses geregelt und mit **Strafsachen** überschrieben. Vorangestellt ist die Vorbemerkung 4. Darin ist in weiten Teilen bereits der Anwendungsbereich umschrieben.

(1) Für die Tätigkeit als Beistand oder Vertreter eines Privatklägers, eines Nebenklägers, eines Einziehungs- oder Nebenbeteiligten, eines Verletzten, eines Zeugen oder Sachverständigen ... sind die Vorschriften entsprechend anzuwenden.

(2) Die Verfahrensgebühr entsteht für das Betreiben des Geschäfts einschließlich der Information.

(3) Die Terminsgebühr entsteht für die Teilnahme an gerichtlichen Terminen, soweit nichts anderes bestimmt ist. Der Rechtsanwalt erhält die Terminsgebühr auch, wenn er zu dem anberaumten Termin erscheint, dieser aber aus Gründen, die er nicht zu vertreten hat, nicht stattfindet. Dies gilt nicht, wenn er rechtzeitig von der Aufhebung oder Verlegung des Termins in Kenntnis gesetzt worden ist.

(4) Befindet sich der Beschuldigte nicht auf freiem Fuß, entsteht die Gebühr mit Zuschlag.

b) Unterscheidung nach Verfahrensabschnitten

Das Vergütungsverzeichnis unterscheidet im Weiteren dann nach Verfahrensabschnitten folgendermaßen:

240

- vorbereitendes Verfahren (Ermittlungsverfahren bis zum Eingang der Anklageschrift)
- gerichtliche Verfahren erster Instanz
- Berufungsverfahren
- Revisionsverfahren
- Wiederaufnahmeverfahren

- zusätzliche Gebühren
- Gebühren in der Strafvollstreckung
- Einzeltätigkeiten

241 Im Unterabschnitt 5 des Vergütungsverzeichnisses *Zusätzliche Gebühren* ist das **Adhäsionsverfahren** aufgeführt.

Insoweit ergibt sich aus der Systematik des Aufbaus, dass Strafsachen iS von Teil 4 VV und damit im Sinne des RVG sind:

- das Privatklageverfahren
- die Vertretung des Verletzten
- die Tätigkeit als Beistand eines Zeugen oder Sachverständigen
- die Vertretung des Nebenklägers
- die Vertretung im Klageerzwingungsverfahren
- die Vertretung im Adhäsionsverfahren
- Einzeltätigkeiten
- Gnadengesuche

c) Weitere Gebührentatbestände

242 Neben den vorstehenden Gebührentatbeständen gelten daneben die allgemeinen Gebühren nach Teil 1 VV, die Auslagen nach Teil 7 VV sowie die ergänzenden Regelungen des Paragraphenteils des RVG.

3. Gebühren des Rechtsanwaltes im Adhäsionsverfahren

a) Allgemeiner Überblick

243 Nach der Einführung des RVG richten sich die Rechtsanwaltsgebühren nicht mehr nach den §§ 85, 89 BRAGO, sondern in erster Linie zunächst nach den Nr. 4143 und 4144 VV zum RVG. Die frühere Gebührenregelung bot keinen Anreiz für Rechtsanwälte ein Adhäsionsverfahren durchzuführen.[342] Die neue Regelung im RVG soll und dürfte dazu beitragen, dass das Adhäsionsverfahren in der Praxis größere Akzeptanz findet.

aa) Besondere Verfahrensgebühr des Adhäsionsverfahrens

244 Die Nr. 4143 VV ist als eine besondere Verfahrensgebühr für das Adhäsionsverfahren ausgestaltet. Sie betrifft sowohl den Fall, dass der Vertreter des Nebenklägers[343] die Ansprüche des Verletzten oder Erben geltend macht als auch, dass der Verteidiger des Angeklagten diese vermögensrechtlichen Ansprüche abwehrt.

Nr. 4144 VV beinhaltet die Verfahrensgebühr für die Rechtsmittelinstanz.

---

342 AK-Schöch, Vor § 403 Rn 5.
343 Diese Regelung betrifft an sich auch den Privatkläger. Das Privatklageverfahren wurde hier nicht mit aufgenommen. Es hat in der Praxis keine große Relevanz.

bb) Wertgebühr nach dem Gegenstandswert

Die im Adhäsionsverfahren anfallende Gebühr ist eine Wertgebühr, die sich im erstinstanzlichen Verfahren mit einem Satz von 2,0 nach dem Gegenstandswert nach der Tabelle in § 13 RVG für den gewählten, und für den beigeordneten Rechtsanwalt nach der Tabelle in § 49 RVG berechnet.

In der Rechtsmittelinstanz, also im Berufungs- oder Revisionsverfahren beträgt diese zusätzliche Verfahrensgebühr nach Nr. 4144 RVG das 2,5 fache des jeweiligen Gebührensatzes nach § 13 bzw § 49 RVG.

Zur Bestimmung des Gegenstandswertes sind die §§ 39 ff GKG einschließlich der Weiterverweisungen heranzuziehen. Dabei ist zu beachten, dass für die Einstufung in der jeweiligen Tabelle immer der Antrag maßgeblich ist, §§ 404 I, 406 StPO.

245

cc) Entstehen der Gebühr

(1) Entgegennahme des Auftrags

In der einschlägigen Kommentarliteratur werden zu der Frage, ab welchem Zeitpunkt die Gebühr entsteht, unterschiedliche Auffassungen vertreten. Nach der wohl herrschenden Meinung entsteht die Gebühr mit der Annahme des Auftrags, die vermögensrechtlichen Ansprüche im Strafverfahren geltend zu machen, sobald der Anwalt im Anschluss hieran die erste Tätigkeit entfaltet.[344] Nach aA entsteht die Gebühr bereits mit der Entgegennahme der Information[345], nach wiederum aA soll die Gebühr erst entstehen, wenn der Rechtsanwalt gegenüber dem Gericht tätig wird.[346]

Im Weiteren ist zu beachten, dass die Gebühr auch dann in voller Höhe entsteht, wenn keine Verhandlung oder Beweisaufnahme stattgefunden hat. Ebenso verbleibt die Gebühr dem Rechtsanwalt, wenn das Gericht von einer Entscheidung über den vermögensrechtlichen Anspruch nach § 406 V 2 StPO absieht oder wenn der Antrag zurückgenommen wird.[347]

246

(2) Vorbereitendes Verfahren

Im vorbereitenden Verfahren entsteht eine Gebühr nach Nr. 4143 VV nicht. Die Vorschrift spricht ausdrücklich vom erstinstanzlichen gerichtlichen Verfahren. Tätigkeiten außerhalb des gerichtlichen Verfahrens werden durch Nr. 2300 VV vergütet.

247

(3) Berufungsverfahren

Die Gebühr entsteht auch dann in voller Höhe, wenn der Adhäsionsanspruch erstmals im Berufungsverfahren geltend gemacht wird. Dies ergibt sich aus Absatz 1 der Anmerkung zu Nr. 4143 VV.

248

Die vorgenannten Gebühren nach 2, 0 entstehen nur im erstinstanzlichen Rechtszug oder im Berufungsverfahren, wenn der Anspruch dort erstmalig rechtshängig gemacht wird.

---

344 Gerold/Schmidt-Madert, VV 4141-4146, Rn 60.
345 Breyer/Endler/Thurn/Mock, § 13 Rn 97.
346 N. Schneider in AnwK RVG, VV 4143, 4144 Rn 17.
347 Gerold/Schmidt-Madert, VV 4141-4146, Rn 60.

Im Berufungs- und Revisionsverfahren erhält der Rechtsanwalt nach Nr. 4144 VV eine 2,5 Gebühr. Dafür ist allerdings Voraussetzung, dass die vermögensrechtlichen Ansprüche bereits erstinstanzlich anhängig waren (Anmerkung 1 zu Nr. 4143 VV). Es kommt dabei nicht darauf an, ob der Berufungsvertreter bereits erstinstanzlich tätig war.

dd) Erhöhung der Gebühr bei mehreren Auftraggebern

249 Werden von dem Rechtsanwalt mehrere Auftraggeber vertreten, so erhöhen sich gem. Nr. 1008 VV sowohl die 2,0 Gebühr der Nr. 4143 VV als auch die 2,5 Gebühr der Nr. 4144 VV um jeweils 0,3. Dafür ist Voraussetzung, dass die Auftraggeber auch gemeinschaftlich beteiligt sind.[348]

ee) Zusätzliche Einigungsgebühr

250 Sofern es im Adhäsionsverfahren zu einer Einigung, insbesondere durch einen Vergleich kommt, entstehen zusätzlich zu den Verfahrensgebühren die Einigungsgebühren nach VV Nr. 1003 in Höhe von 1,0. Sofern nicht rechtshängige Gegenstände einbezogen werden entsteht eine Gebühr von 1,5 nach Nr. 1000 VV.

ff) Verhältnis der Gebührentatbestände zur Nebenklage

251 In den meisten Fällen, in denen ein Adhäsionsverfahren durchgeführt werden kann, tritt der dann im Adhäsionsverfahren Prozessbevollmächtigte gleichzeitig auch als Vertreter der Nebenklage auf.

Entsprechendes gilt auch für den Verteidiger, der sich im Rahmen seiner Tätigkeit, oftmals für ihn überraschend zum ersten Mal im Gerichtsverfahren, einem Adhäsionsantrag gegenüber sieht.

Insofern ist es für den Rechtsanwalt sowohl wichtig zu wissen, welche Gebühren anfallen können als auch und in welchem Verhältnis diese zu denen einer Tätigkeit im Adhäsionsverfahrens stehen.

(1) Allgemeines

252 Teil 4 VV sieht zunächst eine Grundgebühr (Nr. 4100 VV) vor. Diese Gebühr entsteht im gesamten Strafverfahren einmalig für die erste Einarbeitung in die Sache. In den jeweiligen Verfahrensabschnitten sind darüber hinaus jeweils eine Verfahrensgebühr, sowie Terminsgebühren für jeden Kalendertag vorgesehen. Letzteres gilt auch für Termine außerhalb der Hauptverhandlung (Nr. 4102 VV). Für besondere Verfahrensgestaltungen sind zusätzliche Gebühren vorgesehen, zB bei vorzeitiger Erledigung im Strafverfahren nach Nr. 4141 VV.

(2) Rahmen- u. Festgebühren

253 Für den gerichtlich bestellten oder beigeordneten Anwalt gibt es feste Gebührensätze. Dagegen erhält der Wahlverteidiger Rahmengebühren. Die Festgebühren knüpfen an die Gebühren des Wahlverteidigers an und entsprechen 80 % der diesem zustehenden

---

348 Breyer/Endler/Thurn/Mock, § 13 Rn 95.

Mittelgebühr. Die Gebühren entstehen mit Beginn der Tätigkeit, die der Rechtsanwalt im Rahmen des Mandats und des Gebührentatbestands entfaltet. Schließlich ist die Betragsrahmengebühr zu beachten, die die im Einzelfall angemessene Gebühr nach § 14 I RVG bestimmt.

Die neue Gebührenstruktur des RVG entspricht insoweit auch der Rechtswirklichkeit und dem modernen Verständnis von Strafverteidigung und Vertretung der Nebenklage, als sie die Tätigkeit des Rechtsanwaltes im Ermittlungsverfahren stärker berücksichtigt. Für alle Arten des Tätigwerdens werden weitgehend dieselben Gebührentatbestände verwandt. Diese Einteilung gilt auch für den Vertreter des Verletzten. Der dem Verletzten beigeordnete Rechtsanwalt bekommt damit grundsätzlich dieselben Gebühren wie der Pflichtverteidiger. Der Wahlverteidiger erhält Rahmengebühren, der Pflichtverteidiger Festgebühren. Diese Festgebühren betragen 80 % der dem Wahlverteidiger zustehenden Mittelgebühren. Die Mittelgebühr ermittelt man durch Addition von Mindest- und Höchstgebühr, geteilt durch 2.

Ohne die Berücksichtigung von Zuschlägen können für die anwaltliche Tätigkeit anfallen:

(a) Grundgebühr Nr. 4100 VV

Die Grundgebühr wird für die erstmalige Einarbeitung in den Rechtsfall, unabhängig davon in welchem Verfahrensabschnitt oder in welcher Instanz er tätig wird, gewährt. Die Grundgebühr honoriert den Aufwand, der einmalig mit der Übernahme des Mandats entsteht und umfasst auch die erste Akteneinsicht.[349] Weiterreichende Tätigkeiten werden von der Verfahrensgebühr im vorbereitenden Verfahren erfasst. Der Wahlverteidiger hat einen Gebührenrahmen von 30 € – 300 €, der beigeordnete Rechtsanwalt bekommt 132 €.

254

(b) Gebühr für Termine außerhalb der Hauptverhandlung

Nr. 4102 VV regelt die Gebühren für die Teilnahme an Terminen außerhalb der Hauptverhandlung, wozu die Wahrnehmung von Haftprüfungsterminen, Augenscheinsnahmen, aber auch die Begleitung zu polizeilichen Vernehmungen gehört. Der Wahlverteidiger hat einen Gebührenrahmen von 30 € – 250 €, der beigeordnete Rechtsanwalt bekommt 112 €. Von diesen Gebühren sind drei Termine erfasst, Anm. S. 2 zu Nr. 4102 VV. Mehrere Termine an demselben Tag gelten dabei noch als ein Termin, Anm. S. 1 zu Nr. 4102 VV.

255

(c) Verfahrensgebühr im vorbereitenden Verfahren

Die Verfahrensgebühr für das vorbereitende Verfahren regelt Nr. 4104 VV. In II Vorbemerkung 4 VV ist der Anwendungsbereich definiert. Danach erhält der Rechtsanwalt die Verfahrensgebühr für das Betreiben des Geschäfts einschließlich der Information. Die Gebühr entsteht für eine Tätigkeit in dem Verfahren bis zum Eingang der Anklageschrift, sofern hierfür keine besonderen Gebühren vorgesehen

256

---

349 Breyer/Endler/Thurn/Mock, § 13 Rn 12 mwN.

sind.³⁵⁰ Der Wahlverteidiger hat einen Gebührenrahmen von 30 € – 300 €, der beigeordnete Rechtsanwalt erhält 112 €.

(d) Verfahrensgebühr im gerichtlichen Verfahren

257 Die Verfahrensgebühr im gerichtlichen Verfahren ist in den Nr. 4106, 4112, 4118 VV geregelt. Diese Gebühr ist abhängig davon, bei welchem Gericht die Sache anhängig ist. Wiederum in II Vorbemerkung 4 VV ist der Anwendungsbereich definiert. Danach erhält der Rechtsanwalt die Verfahrensgebühr für das Betreiben des Geschäfts einschließlich der Information. Dazu werden regelmäßig der allgemeine Schriftverkehr, Berichtigungsanträge, eigene Ermittlungen des Rechtsanwaltes, Besprechungen mit Staatsanwaltschaft, Gericht und anderen Verfahrensbeteiligten außerhalb von Terminen, Vorbereitung des Hauptverhandlungstermins und die Einlegung von Rechtsmitteln erfasst.³⁵¹ Der Wahlverteidiger hat einen Gebührenrahmen von 30 € – 580 €, der beigeordnete Rechtsanwalt kann 112 € – 264 € beanspruchen.

(e) Terminsgebühr

258 Die Terminsgebühren im gerichtlichen Verfahren werden in den Nr. 4108, 4114, 4120 VV bestimmt. Diese Gebühren sind abhängig davon, bei welchem Gericht die Sache verhandelt wird. Der Wahlverteidiger hat einen Gebührenrahmen von 60 € – 780 €. Der beigeordnete Rechtsanwalt bekommt 184 € – 356 € und hat zudem je nach Dauer der Verhandlung einen Anspruch auf einen Längenzuschlag, sofern die Verhandlung länger als fünf oder acht Stunden andauert. Für das Entstehen der Gebühr ist es grundsätzlich unerheblich, welche Tätigkeit der Rechtsanwalt entfaltet. Nach Abs.3 S. 2 Vorbemerkung 4 zum VV entsteht die Terminsgebühr auch dann, wenn der Rechtsanwalt ohne eigenes Verschulden zu dem Termin erscheint und dieser ausfällt.

(f) Rechtsmittel

259 Im Rechtsmittelverfahren fallen gesonderte Verfahrens- und Terminsgebühren nach den Nr. 4124 ff und Nr. 4130 ff VV an.

(g) Keine Pauschgebühren im Adhäsionsverfahren

260 Höhere als die gesetzlichen Gebühren kann der gewählte Rechtsanwalt unter Umständen nach § 42 RVG und der gerichtlich bestellte Rechtsanwalt nach § 51 RVG verlangen. Nach diesen Vorschriften kann das jeweils zuständige Oberlandesgericht in Verfahren mit besonderem Umfang oder besonderer Schwierigkeit eine Pauschgebühr bewilligen, die über die im Vergütungsverzeichnis geregelten Gebühren hinausgeht. Diese kann auch für einzelne Verfahrensabschnitte beantragt werden.

Im Adhäsionsverfahren ist eine Pauschvergütung nicht vorgesehen. Dies erklärt sich daraus, dass dem Rechtsanwalt wie im Zivilverfahren Wertgebühren zustehen.

---

350 OLG Koblenz, JurBüro 2005, 199.
351 Vgl. Breyer/Endler/Thurn/Mock, § 13 Rn 22 mwN u. weiteren Beispielen.

(3) Keine Anrechnung von Gebühren als Vertreter des Nebenklägers

Eine Anrechnung der Gebühren für ein Tätigwerden im Strafverfahren und im Adhäsionsverfahren ist nicht vorgesehen. Diese gilt gleichfalls sowohl für den Nebenklägervertreter als auch für den Verteidiger des Angeklagten. Die Gebühren, die für das Tätigwerden im Adhäsionsverfahren anfallen, stehen unabhängig. Eine gegenseitige Anrechnung ist ausgeschlossen. 261

a) Keine Terminsgebühr

Gesonderte Terminsgebühren fallen im Gegensatz zum Zivilverfahren nicht an. 262

b) Anrechnung im sich anschließenden Zivilverfahren

Sofern es im Adhäsionsverfahren dazu kommt, dass das Gericht über den Antrag nach § 406 III 3 StPO entweder nicht entschieden, oder ein Grundurteil nach § 406 III 4 StPO erlassen hat, schließt sich zumindest in der zweiten Fallgestaltung regelmäßig ein Zivilverfahren an. Nunmehr findet für den Zivilrechtsstreit II der Anmerkung zu Nr. 4143 VV Anwendung. Der Rechtsanwalt muss sich die zusätzliche Verfahrensgebühr nach Nr. 4143 VV zu einem Drittel auf die im Zivilprozess entstehende Verfahrensgebühr anrechnen lassen. Dafür ist Voraussetzung, dass der Rechtsanwalt im zivilrechtlichen Streitverfahren mit dem im Strafverfahren tätig gewesenen Anwalt identisch ist. In beiden Verfahren muss es sich zudem um denselben Anspruch handeln. 263

Eine Anrechnung unterbleibt gem. § 15 V 2 RVG, wenn zwischen der Beendigung des Adhäsionsverfahrens und der Klageerhebung im Zivilrechtsstreit mehr als zwei Kalenderjahre vergangen sind.

4. Beispiele

Im Nachfolgenden werden die in der Praxis am häufigsten vorkommenden Fallkonstellationen sowie einige Besonderheiten exemplarisch dargestellt.

Beispiel 1: Ausschließliche Tätigkeit im Adhäsionsverfahren

Der Anwalt ist vom Verletzten beauftragt, ein Schmerzensgeld in Höhe von 3.000 € einzuklagen. Der Rechtsanwalt wird für den Verletzten ausschließlich im Adhäsionsverfahren tätig. Er tritt weder als Verteidiger, Vertreter oder Beistand auf.

Es entsteht die zusätzliche 2,0 Gebühr. Weitere Gebühren entstehen nicht, auch nicht die Grundgebühr. Zu berechnen wären:

2,0 Verfahrensgebühr, 4143 VV   378 €

des weiteren fallen ggf an Dokumentenpauschale nach Nr. 7000, Pauschale für Post- u. Telekommunikationsleistungen nach Nr. 7002, Fahrtkosten nach Nr. 7003, Tage- u. Abwesenheitsgeld nach 7005, sowie Umsatzsteuer auf die Vergütung.[352]

---

[352] Sofern der Anwalt vorgerichtlich tätig war, richtet sich seine Vergütung normalerweise nach Nr. 2300 VV. Eine Anrechnung ist im Gesetz nicht vorgesehen. Es empfiehlt sich, die Anrechnungsbestimmung aus Teil 3, Vorbemerkung 3 Abs. 4 anzuwenden.

Beispiel 2: Vertretung eines Nebenklägers im vorbereitenden und gerichtlichen Verfahren sowie Adhäsionsverfahren

Der Rechtsanwalt vertritt den Verletzten im vorbereitenden Verfahren. Dort beantragt er die Zulassung als Nebenkläger unter seiner Beiordnung. Bei Eröffnung des Hauptverfahrens wird antragsgemäß entschieden. Außerdem hatte der Anwalt einen Adhäsionsantrag gestellt. Es finden drei Verhandlungstage vor dem Schwurgericht statt, von denen der zweite 6 Stunden und der dritte 8 Stunden und 10 Minuten dauert. Der Angeklagte wird in der Strafsache zu einer zeitigen Freiheitsstrafe verurteilt. Im Adhäsionsverfahren erfolgt eine Verurteilung zu einer Zahlung von Schmerzensgeld und Schadensersatz in Höhe von 10.000 €.

Der Anwalt erhält im vorbereitenden Verfahren zunächst eine Grundgebühr nach Nr. 4100 VV und eine Verfahrensgebühr nach Nr. 4104 VV. Im gerichtlichen Verfahren entsteht eine Verfahrensgebühr nach Nr. 4118 VV. Die Vergütung fällt grundsätzlich auch für solche Tätigkeiten an, die vor der gerichtlichen Bestellung angefallen sind (§ 48 V RVG).

Die Terminsgebühr für den ersten Verhandlungstag richtet sich nach Nr. 4120 VV, für den zweiten zusätzlich nach Nr. 4122 VV, für den dritten zusätzlich nach Nr. 4123 VV. Für das Adhäsionsverfahren entsteht die Gebühr nach Nr. 4134 VV. Danach ergibt sich folgende Gebührenrechnung:

Grundgebühr, 4100	132 €
Verfahrensgebühr, 4104	112 €
Verfahrensgebühr, 4118	264 €
Terminsgebühr, 4120	356 €
Terminsgebühr, 4120, 4122	534 €
Terminsgebühr, 4120, 4123	712 €
2, 0 Verfahrensgebühr, 4143	972 €

des Weiteren fallen ggf an Dokumentenpauschale nach Nr. 7000, Pauschale für Post- u. Telekommunikationsleistungen nach Nr. 7002, Fahrtkosten nach Nr. 7003, Tage- u. Abwesenheitsgeld nach Nr. 7005, sowie Umsatzsteuer auf die Vergütung.

Beispiel 3: Vertretung eines Nebenklägers mit Adhäsionsverfahren. Der Angeklagte ist in Haft.

In Abwandlung zum vorhergehenden Fall befindet sich der Angeklagte in Untersuchungshaft. Er wurde kurz nach der Tat inhaftiert. Wenige Tage später wurde der Rechtsanwalt beauftragt, Nebenklage zu beantragen und Schadensersatz und Schmerzengeld einzuklagen.

In Abweichung zu Beispiel 2 stellt sich hier allein die Frage, ob auch der Nebenklägervertreter bzw gleichzeitig als Prozessbevollmächtigter im Adhäsionsverfahren den Haftzuschlag nach Vorbemerkung 4 IV VV erhält. Zunächst ist unstreitig, dass dieser Zuschlag dem Verteidiger des Angeklagten zusteht. Der Vertreter des Nebenklägers hat einen Anspruch auf den Haftzuschlag für den Fall, dass sein Mandant sich in Haft befindet. Unstreitig ist auch, dass es für die Verfahrensgebühr im Adhäsionsverfahren keinen Haftzuschlag gibt.

Fraglich ist also, ob der Nebenklägervertreter den Haftzuschlag erhält. Diese Frage ist umstritten.:

1. Ansicht: Haftzuschlag auch für den Nebenklägervertreter[353]

Arg.: Erschwernisse in Haftsachen, Eilbedürftigkeit, Terminierungen betreffen alle

2. Ansicht: kein Haftzuschlag für den Nebenklägervertreter[354]

Arg.: u.a. „psychologische Betreuung des Angeklagten wegen der Haftsituation"; Erschwernisse bei Terminierungen etc. können auch in Nichthaftsachen auftreten; die Vorbereitung der Nebenkläger auf eine evtl Haftentlassung des Angeklagten und Unterrichtung hierüber rechtfertigen den Haftzuschlag nicht.[355]

Arg. : Rechtsgrund für die Gebühr mit Zuschlag ist Inhaftierung und Unterbringung des Mandanten und nicht die Erschwernisse der Haftsache. Falls Sitzungen länger dauern erhält der Nebenklagevertreter einen Längenzuschlag.

Das OLG Düsseldorf hat seine insoweit gegenteilige Ansicht zur alten Rechtslage (so.) aufgegeben.

Beispiel 4: Vertretung dreier Auftraggeber als Nebenkläger mit Adhäsionsverfahren mit Einigung, derselbe Gegenstand

Die Hinterbliebenen einer Getöteten treten als Nebenkläger auf. Es handelt sich dabei um die Geschwister der Verstorbenen. Im Adhäsionsverfahren machen diese gemeinschaftlich in ungeteilter Erbengemeinschaft Beerdigungskosten in Höhe von 10.000 € sowie Schmerzensgeldansprüche in Höhe von 10.000 € der Verstorbenen zu Lebzeiten geltend. Nach Vergleichsgesprächen erfolgt eine vergleichsweise Einigung über einen Betrag von 18.000 €.

Die geltend gemachten Ansprüche auf Schmerzensgeld und Schadensersatz stehen den Hinterbliebenen als gesetzlichen Erben gemeinschaftlich in ungeteilter Erbengemeinschaft zu. Die Werte der Ansprüche sind daher nicht nach § 22 I RVG zu addieren.

Es erhöht sich dagegen der Gebührensatz um jeweils 0,3 nach Nr. 1008 VV. Darüber hinaus erhöhen sich für die Vertretung der Nebenklage die jeweiligen Verfahrensgebühren um jeweils 0,3. Die Terminsgebühren bleiben unverändert.

Dem Rechtsanwalt steht darüber hinaus eine Einigungsgebühr nach Nr. 1000 ff VV zu. Voraussetzung ist, dass er an der Einigung mitgewirkt hat. Soweit es sich um Ansprüche handelt, die im Adhäsionsverfahren geltend gemacht worden sind, erhält der Anwalt eine Einigungsgebühr nach Nr. 1003, 1000 VV. Soweit Ansprüche in die Einigung mit einbezogen worden sind, die nicht anhängig sind, erhält der Anwalt die

---

[353] Wohl hM in der einschlägigen Kommentarliteratur Hansens/Braun/Schneider, S. 1006, Rn 82; N. Schneider, AnwK RVG, 3. Aufl., Vorbemerkung 4, Rn 48; aA Gerold/Schmidt, RVG, 16. Aufl.,VV 4100 – 4105, Rn 42. Die befürwortenden Meinungen stützen sich weitgehend auf eine Entscheidung des OLG Düsseldorf, AGS 1999, 135 = NStZ 1997, 605 (Entscheidung erging noch zur Rechtslage nach BRAGO).

[354] OLG Köln, JurBüro 1998, 586 (zur alten Rechtslage); OLG Oldenburg, Beschl. v. 10.1.2006, – 1 Ws 25/06 –; LG Aurich, Beschl. v. 28.10.2005, – 11 Ks 1/05 –.

[355] OLG Düsseldorf, JMBl NW 2007, 68 f = AGS 2006, 435 f = JurBüro 2006, 534 f.

Einigungsgebühr nach Nr. 1000 VV. Eine Erhöhung nach Nr. 1008 VV findet nicht statt. Diese Vorschrift regelt nur die Erhöhung der Verfahrens- oder Geschäftsgebühr. Danach ergibt sich folgender Gebührenanspruch des Rechtsanwaltes:

Grundgebühr, 4100	132 €
Verfahrensgebühr, 4104, 1008	179,20 €
Verfahrensgebühr, 4118, 1008	422,40 €
Terminsgebühr, 4120	356 €
Terminsgebühr, 4120, 4122	534 €
Terminsgebühr, 4120, 4123	712 €
2,0 Verfahrensgebühr, 4143 mit Erhöhung 1008 (zweimal 0,3)	2.067,20 €
Einigungsgebühr, 1003	646 €

des Weiteren fallen ggf an Dokumentenpauschale nach Nr. 7000, Pauschale für Post- u. Telekommunikationsleistungen nach Nr. 7002, Fahrtkosten nach Nr. 7003, Tage- u. Abwesenheitsgeld nach Nr. 7005, sowie Umsatzsteuer auf die Vergütung.

Beispiel 5: Berufung gegen Entscheidung im Adhäsionsverfahren mit Einigung

Der Angeklagte ist vom erstinstanzlichen Amtsgericht zur Zahlung eines Schmerzensgeldes in Höhe von 3.000 € verurteilt worden. Er legt ausschließlich gegen diese Verurteilung Berufung ein. Das Strafurteil wird von ihm akzeptiert. Im Berufungsverfahren wird eine Einigung erzielt. Der Rechtsanwalt des Adhäsionsantragstellers hat folgenden Gebührenanspruch:

2,5 Verfahrensgebühr, 414	472, 50 €
1,3 Einigungsgebühr, 1000, 1004	245, 70 €

des Weiteren fallen Auslagenpauschale pp, Umsatzsteuer an.

Beispiel 6 mit Abwandlung Beispiel 4: Beschwerde gegen Absehensbeschluss gem. § 406 V 2StPO

Das Landgericht weigert sich, über den vor Beginn der Hauptverhandlung eingereichten Antrag der Hinterbliebenen zu entscheiden. Es erlässt gem. § 406 V 2StPO einen entsprechenden Beschluss. Die Erben legen gegen diesen Beschluss Beschwerde ein.

Das Beschwerdeverfahren ist eine besondere Angelegenheit. Maßgebend für die Gebührenberechnung ist der Wert der Gegenstände, über die das Gericht es abgelehnt hat, zu entscheiden. Es fallen folgende Gebühren an:

0,5 Verfahrensgebühr Nr. 4146 mit Erhöhung 1008	76,80 €

Des Weiteren fallen Auslagenpauschale pp, Umsatzsteuer an

Beispiel 7 mit Abwandlung Beispiel 1 Grundfall

Die Adhäsionsantragstellerin muss in dem Verfahren als Zeuge aussagen. Sie wollte nicht als Nebenkläger auftreten, hat aber erhebliche Angst vor einer Aussage. Auf den Antrag ihres Rechtsanwaltes hin erfolgt eine Beiordnung als Zeugenbeistand gem. § 68 b StPO. Der Rechtsanwalt nimmt Akteneinsicht, berät die Zeugin vor ihrer

Vernehmung und begleitet sie in die Hauptverhandlung. Dort beanstandet er zwei Fragen des Gerichts.

1. Ansicht: Grundgebühr, Verfahrens- u. Terminsgebühr[356]
2. Ansicht: Grund- und eine Terminsgebühr[357]
3. Ansicht: Vergütung als Einzeltätigkeit nach Nr. 4301 Ziffer 4 VV[358]

---

356 KG Berlin, 3. u. 5. Senat, Beschl. v. 18.7.2005, – 3 Ws 323/05 – sowie v. 1.2.2005, – 5 Ws 506/05 -; OLG Koblenz, Beschl. v. 11.4.2006, – 1 Ws 201/06 -; OLG Schleswig, Beschl. v. 3.11.2006, – 1 Ws 449/06 –.
357 KG Berlin, 4. Senat, Beschl. v. 4.11.05, – 4 Ws 61/05 –.
358 OLG Celle, Beschl. v. 21.5.2007, – 1 Ws 195/07 -; KG Berlin, 1. Senat, Beschl. v. 18.1.2007, – 1 Ws 2/07 -; OLG Frankfurt v. 27.2.2007, – 5-1-BJs 322185-2-3105 -; OLG Oldenburg v. 21.3.2007, – 1 Ws 101/07 – unter Bezugnahme auf frühere Entscheidungen v. 18.7.2006, – 1 Ws 363/06 – und v. 20.12.2006, – 1 Ws 600/05 –.

C. Das Adhäsionsverfahren in der staatsanwaltschaftlichen Praxis

I. Aufgaben, Befugnisse und Praxis der Staatsanwaltschaft im Adhäsionsverfahren

264 Die Staatsanwaltschaft ist am Adhäsionsverfahren als „Anhang" des Strafverfahrens weder als rechtgewährende Instanz noch als Partei beteiligt. Ihre Aufgaben und Befugnisse sind durch Gesetz und Verwaltungsvorschriften beschränkt. Auch nach dem am 1.9.2004 in Kraft getretenen Opferrechtsreformgesetz[359] bleibt es dabei: Die Staatsanwaltschaft setzt nur den staatlichen Strafanspruch – nicht den Entschädigungsanspruch des Verletzten – durch, indem sie das Ermittlungsverfahren führt, Anklage erhebt, am folgenden gerichtlichen Verfahren mitwirkt und schließlich die gerichtlich festgesetzte Strafe vollstreckt. Auch für sie gilt aber der neue gesetzgeberische Wille, den Möglichkeiten zur Entschädigung des Verletzten im Strafverfahren zur verstärkten Anwendung zu verhelfen sowie Beteiligten und Gericht durch die Ermöglichung von Vergleich und Anerkenntnis weitere Gestaltungs- und Erledigungsmöglichkeiten an die Hand zu geben.[360] Das bisherige Verhältnis bei der Entscheidungspraxis der Gerichte soll umgekehrt werden. Die Entscheidung über den zivilrechtlichen Anspruch im Strafverfahren soll nicht mehr die Ausnahme, sondern die Regel sein. Nur noch in Ausnahmefällen sollen die Gerichte von der Entscheidung im Adhäsionsverfahren absehen können, und zwar nur dann, wenn sich der Antrag auch unter Berücksichtigung der berechtigten Belange des Antragstellers zur Entscheidung im Strafverfahren nicht eignet (§ 406 I 4 StPO).[361]

265 Weil die Staatsanwaltschaft am Adhäsionsverfahren nicht beteiligt ist,[362] erwähnt das Gesetz sie in den §§ 403 – 406c StPO auch nicht. Selbst das Gebot, Verletzte in der Regel so früh wie möglich auf ihre Befugnis hinzuweisen, einen aus der Straftat erwachsenen vermögensrechtlichen Anspruch im Strafverfahren geltend zu machen, nennt keinen Adressaten (§ 406 h II StPO). Die Staatsanwaltschaft übernimmt gleichwohl die Umsetzung des Gebots schon im Ermittlungsverfahren, weil sie über die Sachleitungsbefugnis verfügt und damit auch die Verantwortung für die Gesetzmäßigkeit des Verfahrens trägt.[363]

266 Mit den bundeseinheitlichen Richtlinien für das Strafverfahren haben die Landesjustizverwaltungen den Staatsanwaltschaften einige ausdrückliche Handlungsanweisungen für das Entschädigungsverfahren erteilt.[364] Nr. 173 RiStBV regelt den Inhalt des nach § 406h II StPO zu erteilenden staatsanwaltschaftlichen Hinweises: Verletzte sollen über die Möglichkeit der Prozesskostenhilfe (§ 404 V StPO), Form und Inhalt des

---

359 Gesetz zur Verbesserung der Rechte von Verletzten in Strafverfahren (Opferrechtsreformgesetz –OpferRRG-) (BGBl. I 2004, 1354).
360 BR-Drucks. 829/03, 32.
361 BR-Drucks. 829/03, 37.
362 KMR-StPO/Stöckel, § 404 Rn 18.
363 Meyer-Goßner, § 406 h Rn 9.
364 Richtlinien für das Strafverfahren und das Bußgeldverfahren (RiStBV) vom 1. 1.1977 in der ab 1.2.1997 bundeseinheitlich geltenden Fassung, in Niedersachsen zuletzt geändert durch Allgemeinverfügung vom 20.7.2006 (Niedersächsische Rechtspflege 2006, 239).

I. Aufgaben, Befugnisse und Praxis der Staatsanwaltschaft im Adhäsionsverfahren

Antrags (§ 404 I StPO) sowie das Recht auf Teilnahme an der Hauptverhandlung (§ 404 III StPO) „belehrt" werden. Sie sollen auch darauf hingewiesen werden, dass es sich in der Regel empfiehlt, den Antrag möglichst frühzeitig zu stellen, dass sie ihre Ansprüche, soweit sie nicht im Strafverfahren zuerkannt werden, noch auf dem Zivilrechtsweg verfolgen können (§ 406 III StPO) und dass das Gericht aus bestimmten Gründen von der Entscheidung über den Antrag absehen kann (§ 406 I StPO).

Der Hinweis wird meistens mithilfe eines bundeseinheitlichen Merkblatts erteilt, das die Rechte von Verletzten und Geschädigten im Strafverfahren umfassend beschreibt und von der Polizei schon bei der Anzeigeerstattung auszuhändigen ist. Darin ist der Hinweis zum Adhäsionsverfahren allerdings nur einer von vielen und für Verletzte auch noch nicht aktuell. Schon bei der Anzeigeerstattung erteilt, geht er zunächst ins Leere, denn dem Adhäsionsverfahren als „Anhangsverfahren" des gerichtlichen Strafprozesses fehlt noch die Grundlage. Möglicherweise kommt es nicht einmal zu einem gerichtlichen Verfahren, weil die Beweislage oder die Rechtslage am Ende des Ermittlungsverfahrens eine Anklage nicht zulassen. Daher konzentrieren sich Verletzte bei der Lektüre womöglich zunächst auf ihre Rechte im Ermittlungsverfahren und versäumen den richtigen Zeitpunkt für den Adhäsionsantrag, zumal sie in der Regel keine Mitteilung über die Erhebung der Anklage erhalten. Möglicherweise könnte ein zusätzlicher Hinweis, verbunden mit einem Antragsformular, zum Zeitpunkt der Anklageerhebung das Bewusstsein Verletzter über ihre Antragsbefugnis schärfen. So wird bereits bei einigen Staatsanwaltschaften verfahren.[365]

Hinweise auf das Adhäsionsverfahren sind übrigens auch dann zu erteilen, wenn die Staatsanwaltschaft bei Privatklagedelikten mit Rücksicht auf ein fehlendes öffentliches Interesse gemäß § 376 StPO keine Anklage erhebt und die Anzeigeerstatter auf die Möglichkeit der Privatklage verweist. Weil der Anspruch nach dem Gesetzeswortlaut „im Strafverfahren" geltend gemacht werden kann, kommt es nicht darauf an, ob es sich um ein Offizialverfahren oder um ein Privatklageverfahren handelt.[366]

Einen bei ihr eingegangenen Entschädigungsantrag muss die Staatsanwaltschaft beschleunigt dem zuständigen Gericht zuleiten (Nr. 174 II RiStBV). Zuständig ist das Gericht, das im Falle der Anklageerhebung für das Hauptverfahren zuständig wäre. Die unverzügliche Weiterleitung des Antrags ist sinnvoll, weil die Rechtshängigkeit erst mit Eingang des Antrags bei Gericht eintritt, nicht schon mit Eingang bei der Staatsanwaltschaft. Der Zustellung der Klageschrift an den Antragsgegner, wie bei Klageerhebung beim Zivilgericht (§§ 253, 261 ZPO), bedarf es zur Begründung der Rechtshängigkeit nicht. Die früher vertretene, gegenteilige Auffassung des Bundesgerichtshofs[367] ist infolge der klarstellenden Einfügung des § 404 II 2 StPO durch das Opferrechtsreformgesetz überholt.[368] Das ist zu begrüßen, denn ermittlungstaktische Erwägungen stehen manchmal einer frühzeitigen Bekanntgabe der Einleitung des

---

[365] Z.B. in den Bezirken der Generalstaatsanwaltschaften Naumburg und Brandenburg sowie der Staatsanwaltschaft Aurich. Andere Generalstaatsanwaltschaften haben ein persönliches Anschreiben an Verletzte in der Abschlussverfügung vorgesehen.
[366] KMR-StPO/Stöckel, § 403 Rn 13.
[367] StraFo 2004, 386.
[368] BR-Drucks. 829/03, 33.

Ermittlungsverfahrens gegenüber Beschuldigten entgegen. Nunmehr kann das Gericht auf Bitte der Staatsanwaltschaft mit der Zustellung des Adhäsionsantrags warten, um den Erfolg bevorstehender Ermittlungshandlungen nicht zu gefährden, ohne dadurch das Interesse der Antragsteller an einer Unterbrechung der Verjährung zu verletzen.

270   Im Übrigen mahnen die Richtlinien der Justizverwaltung die Staatsanwaltschaft zur Zurückhaltung: Sie soll zum Entschädigungsantrag nur Stellung nehmen, „wenn dies nötig ist, um die Tat strafrechtlich zutreffend zu würdigen oder um einer Verzögerung des Strafverfahrens vorzubeugen" (Nr. 174 I RiStBV). Selbstverständlich darf die Staatsanwaltschaft sich nicht zur zivilrechtlichen Würdigung des geltend gemachten Anspruchs äußern, denn sie ist weder Partei noch zur Entscheidung über zivilrechtliche Ansprüche berufen. Allerdings ist und bleibt es ihre Pflicht, als „Wächterin des Gesetzes" im Strafverfahren[369] auf einen gesetzmäßigen Umgang mit Entschädigungsanträgen hinzuwirken. Dafür reicht es heute nicht mehr aus, neben einer zutreffenden strafrechtlichen Würdigung „einer Verzögerung des Strafverfahrens vorzubeugen". Denn das vorrangige Gesetz verlangt vom Gericht und bindet damit die Staatsanwaltschaft, dass über die Eignung zur Erledigung im Strafverfahren auch unter Berücksichtigung der berechtigten Belange des Antragstellers zu entscheiden ist (§ 406 I 4 StPO).[370] Zu wünschen bleibt, dass die Landesjustizverwaltungen die Richtlinien für die Staatsanwaltschaft an die seit 2004 geltende Rechtslage anpassen.

II. Die Information von Verletzten über ihre Rechte

271   Der Gesetzgeber des Opferrechtsreformgesetzes geht davon aus, dass ein Ausbau der Rechte von Verletzten ungenügend wäre, wenn diese nicht um ihre Rechte wüssten. Er hat deswegen das Absehen von der in § 406 h II StPO vorgeschriebenen Unterrichtung zum Ausnahmefall gemacht. Dabei hatte er die Vorstellung, dass bundeseinheitliche Formulare entwickelt werden könnten, die unter Berücksichtigung der Erfahrungen mit Modellprojekten zum Adhäsionsverfahren insbesondere auch leicht handhabbare Antragsformulare einschließen sollten[371]. Dazu ist es bisher leider nicht gekommen. Vielleicht tragen unzureichende Informationen und Hilfsmittel für Verletzte dazu bei, dass das Adhäsionsverfahren weiterhin ein Schattendasein fristet. So ist die Anzahl der Urteile von Amtsgerichten in Adhäsionsverfahren bundesweit im Jahr nach dem Inkrafttreten des Opferrechtsreformgesetzes nicht etwa gestiegen, sondern von 5849 im Jahr 2004 auf 4848 im Jahr 2005 zurückgegangen, während die Anzahl der Adhäsionsurteile der Landgerichte nur geringfügig von 333 auf 354 angestiegen ist.[372] Immerhin berichten Staatsanwälte, dass verletzte Polizeibeamte als von Berufs wegen besser informierte Personen Schmerzensgeldansprüche auch im Strafverfahren mit Erfolg durchsetzten.

272   Möglicherweise bedarf es zusätzlicher Hinweise und Hilfsmittel, um Verletzte zur Geltendmachung ihrer Rechte zu ermutigen. Häufig wird es sich um Personen han-

---

[369] Meyer-Goßner, vor § 141 GVG Rn3.
[370] BVerfG, NJW 2007, 1670.
[371] BR-Drucks. 829/03, 43.
[372] Statistisches Bundesamt, Fachserie10/Reihe 2.3, Rechtspflege/Strafgerichte 2004 und 2005.

deln, die zum ersten Mal in ihrem Leben mit der Justiz zu tun haben und das justizielle Verfahren ebenso wenig verstehen wie die Sprache der Juristen. Das allenthalben vorhandene Vertrauen, dass der Rechtsstaat ihnen zu ihrem Recht verhelfen werde, könnte die Staatsanwaltschaft zur richtigen Zeit in allgemein verständlicher Sprache aufgreifen und unterstützen. Am wirkungsvollsten dürfte das gleichzeitig mit der Anklageerhebung geschehen, denn erst jetzt stehen die rechtlichen Voraussetzungen eines Adhäsionsantrags fest. Erst zu diesem Zeitpunkt kann das zuständige Gericht genannt werden. Erst jetzt kann eine Einstellung des Verfahrens ausgeschlossen werden.

Auf der Grundlage eines von der Staatsanwaltschaft Aurich entworfenen Textes bietet sich ein knappes, auf die notwendigen Hinweise an Verletzte beschränktes persönliches Anschreiben etwa folgenden Wortlauts an: 273

Muster:

Sehr geehrte Frau O.,

Sie haben gegen Herrn T. Anzeige wegen gefährlicher Körperverletzung erstattet. Ich habe nunmehr Anklage bei dem Amtsgericht in A. erhoben.

Die Strafprozessordnung gibt Ihnen die Möglichkeit, einen Anspruch auf Schadensersatz oder Schmerzensgeld oder einen anderen vermögensrechtlichen Anspruch wegen der Straftat gegen den Beschuldigten in diesem Strafverfahren geltend zu machen (§§ 403 ff StPO). Sie können den Antrag schriftlich bei dem genannten Gericht oder bei der Staatsanwaltschaft stellen. Sie können den Antrag aber auch mündlich bei dem Gericht zu Protokoll geben. Wenden Sie sich dort bitte an die Rechtsantragstelle.

Sie können an der gerichtlichen Hauptverhandlung teilnehmen. Wenn Sie den Antrag nicht schon vorher gestellt haben, können Sie das bis zum Beginn des Plädoyers des Staatsanwalts nachholen. Wenn Sie einen gesetzlichen Vertreter, einen Ehegatten oder einen Lebenspartner haben, können auch diese an der Hauptverhandlung teilnehmen.

Sie brauchen nicht unbedingt anwaltliche Hilfe, aber Sie können jederzeit eine Rechtsanwältin oder einen Rechtsanwalt beauftragen. Falls Ihre wirtschaftlichen Verhältnisse es erfordern, können Sie Prozesskostenhilfe bei dem genannten Gericht beantragen.

Das Gericht kann von einer Entscheidung über Ihren Antrag auf Zahlung von Schadensersatz absehen, wenn er sich nicht zur Erledigung im Strafverfahren eignet. Das kann geschehen, wenn die Prüfung Ihres Anspruchs das Strafverfahren erheblich verzögern würde. Wenn über den Anspruch nicht entschieden worden ist, können Sie ihn immer noch bei dem Zivilgericht weiterverfolgen.

Bitte benutzen Sie das beigefügte Formular, damit Ihr Antrag in Form und Inhalt den gesetzlichen Anforderungen entspricht.

Mit freundlichen Grüßen

C. Das Adhäsionsverfahren in der staatsanwaltschaftlichen Praxis

274 Dem Anschreiben kann ein Antragsformular etwa folgenden Inhalts nebst Hinweisen zur Ausfüllung des Formulars beigefügt werden:

Muster
Antrag auf Entschädigung im Strafverfahren (§ 404 Strafprozessordnung)
Strafverfahren gegen T. wegen gefährlicher Körperverletzung
Aktenzeichen der Staatsanwaltschaft: 13 Js 12345/07
Ich beantrage, den Beschuldigten zu verurteilen (Zutreffendes bitte ankreuzen),
Schadensersatz in Höhe von ... Euro zu leisten;
Schmerzensgeld zu zahlen, dessen Höhe das Gericht festsetzen soll;
Schmerzensgeld in Höhe von ... Euro zu zahlen;
Folgenden Gegenstand herauszugeben: ... .
Begründung:
Der Schaden ist mir durch die Straftat entstanden.
Ich bin wegen des Schadens nicht versichert.
Ich habe den Schaden bei keinem anderen Gericht geltend gemacht.
Zum Nachweis der Schadenshöhe füge ich bei: ...

275 Die Hinweise zum Antragsformular sollten sich auf das für die Entscheidung des Verletzten über die Antragstellung Wesentliche beschränken. Einzelheiten können in der Hauptverhandlung geklärt werden:

„Das Gericht kann nur über das entscheiden, was Sie beantragt haben. Schadensersatz ist der Geldbetrag, den der Beschuldigte zahlen soll, um den Zustand herzustellen, der bestehen würde, wenn er die Straftat nicht begangen hätte. Den Schaden müssen Sie genau beziffern. Wenn Sie einen höheren Betrag fordern, als das Gericht Ihnen schließlich zuerkennt, können Sie mit Kosten belastet werden.

Ein Anspruch auf Schmerzensgeld kann vor allem bei Körperverletzungen und Sexualdelikten bestehen. Sie können die Festsetzung der Höhe des Schmerzensgeldes in das Ermessen des Gerichts stellen. Sie können aber auch einen bestimmten Betrag beantragen. Wenn Sie einen bestimmten Betrag fordern, der höher ist, als das Gericht Ihnen schließlich zuerkennt, können Sie auch insoweit mit Kosten belastet werden.

Sie können auch die Herausgabe von Sachen verlangen, die der Beschuldigte von Ihnen aufgrund der Straftat erlangt hat und noch besitzt.

Ihr Antrag wird dann keinen Erfolg haben, wenn Ihnen durch die Straftat ein Schaden entstanden ist, der Ihnen durch eine Versicherung ausgeglichen wurde, die dadurch den Ausgleichsanspruch erworben hat. Sie dürfen Ihre Ansprüche auch noch nicht bei einem anderen Gericht geltend gemacht haben. Zum Nachweis führen Sie bitte alles auf, womit Sie Ihren Schaden beweisen können, und fügen Sie Rechnungen,

Kostenvoranschläge, Schadensgutachten, ärztliche Befundberichte oder andere Belege bei."

III. Die Bedeutung von Verletzteninteressen für die Staatsanwaltschaft

Die Staatsanwaltschaft ist im Strafverfahren nicht Partei, sondern der Objektivität verpflichtet. Im gerichtlichen Verfahren wirkt sie durch Anträge, Fragen und Anregungen darauf hin, dass das Gesetz beachtet wird und die gesetzlichen Möglichkeiten zur Beschleunigung und Vereinfachung der Hauptverhandlung genutzt werden (Nr. 127 RiStBV). Verletzte hingegen dürfen und sollen ihre zivilrechtlichen Ansprüche im Strafverfahren geltend machen. Insoweit sind sie Partei. Ihre Interessen und ihre rechtlichen Befugnisse unterscheiden sich von denen der Staatsanwaltschaft. Verletzte, die zivilrechtliche Interessen verfolgen, werden gelegentlich Gesichtspunkte einbringen, die das Strafverfahren verzögern. Allerdings hat die Staatsanwaltschaft auch insoweit den gesetzgeberischen Willen vollständig zu erfüllen und auf seine Beachtung gegenüber dem Gericht hinzuwirken: Seit der Stärkung des Adhäsionsverfahrens durch das Opferrechtsreformgesetz ist die Beschleunigung des Strafverfahrens nicht mehr der alles überragende Wert, sondern die gleichzeitige Durchsetzung von zivilrechtlichen Ansprüchen Verletzter im Strafverfahren der gesetzliche Regelfall. Also hat die Staatsanwaltschaft deutlich zu machen, dass eine Durchführung des Strafverfahrens ohne angemessene Berücksichtigung der prozessualen Rechte von Verletzten im Adhäsionsverfahren nur einen unvollkommenen Gesetzesvollzug bedeuten würde und damit rechtswidrig wäre.

276

Im Übrigen belegen Forschungsergebnisse, dass die Strafbedürfnisse von Verletzten eher bescheiden sind. Sie bevorzugen Sanktionsarten im Strafverfahren, die das begangene Unrecht wiedergutmachen und nicht in erster Linie dem Staat, sondern den Verletzten zugute kommen. Bei Verletzten besonders unpopulär ist die in der Sanktionspraxis dominierende Geldstrafe, denn sie zwingt Verurteilte mit der Drohung der Ersatzfreiheitsstrafe dazu, vorrangig an den Staat und nicht an das Opfer zu zahlen. Die dadurch gebundenen Ressourcen der Verurteilten fehlen bei der Opferentschädigung. Nimmt man hinzu, dass gerade die Wiedergutmachung erhebliche spezialpräventive Wirkungen auf den Täter entfalten kann und dass andererseits Sanktionen, die berechtigte Wiedergutmachungserwartungen des Opfers enttäuschen, den Rechtsfrieden erheblich beeinträchtigen können, und zwar über dessen Störung durch die Straftat hinaus, dann kann die Staatsanwaltschaft sich nicht vollkommen auf die Rolle des Beobachters der zivilrechtlichen Auseinandersetzung zwischen Opfer und Täter im Strafverfahren zurückziehen. Sie wird zwar unter keinen Umständen ihre objektive Ausrichtung in Frage stellen lassen dürfen, obwohl immer wieder von Opfern der Wunsch geäußert wird, die Staatsanwaltschaft solle auch Interessenvertreterin für das Opfer sein.[373] Aber sie sollte im Interesse des Rechtsfriedens das legitime Interesse von Verletzten akzeptieren und sich dafür einsetzen, dass auch sie von der Sachverhaltserforschung im Strafverfahren und von der strafgerichtlichen Verurteilung unmittelbar profitieren.

277

---

373 Kilchling, Opferschutz und der Strafanspruch des Staates – Ein Widerspruch?, NStZ 2002, 57, 62.

IV. Die Berücksichtigung von Verletzteninteressen im Ermittlungsverfahren

278 Die Staatsanwaltschaft hat aufgrund des Verdachts einer Straftat zunächst den Sachverhalt zwar nur insoweit zu erforschen, wie es für ihre Entschließung über die Erhebung der Anklage erforderlich ist (§ 160 I, II StPO). Sobald zu erwarten ist, dass das Verfahren nicht eingestellt wird, soll sie ihre Ermittlungen aber auch auf Umstände erstrecken, die für die Bestimmung der Rechtsfolgen der Tat von Bedeutung sind (§ 160 StPO).[374] Gemeint sind Feststellungen über die für die Strafzumessung bedeutsamen Umstände (§§ 46, 47, 56 StGB). Dazu gehören die verschuldeten Schäden. Mögliche Entschädigungsansprüche veranlassen die Staatsanwaltschaft zu den eingangs erwähnten Hinweisen an Verletzte sowie zur beschleunigten Weiterleitung bei ihr eingegangener Adhäsionsanträge an das Gericht (§ 406 h II StPO; Nr. 173, 174 II RiStBV). Ob Hinweise an Insolvenzverwalter von Verletzten geboten sind, richtet sich danach, ob man diese in den Kreis der Antragsberechtigten mit einbezieht, was umstritten ist, s.o. Rn 36.

279 Akteneinsicht können Rechtsanwälte für Adhäsionskläger nach § 406e I StPO nehmen. Auskünfte und Abschriften aus den Akten können Verletzten auch unmittelbar erteilt werden (§ 406e V StPO). Das in der Regel darzulegende berechtigte Interesse an der Akteneinsicht besteht, wenn sie der Prüfung dient, ob der Verletzte gegen den Beschuldigten bürgerlich-rechtliche Ansprüche geltend machen kann.[375] Die früher vertretene Auffassung, die Vorschriften über das Adhäsionsverfahren gewähren dem Verletzten kein Recht zur Verwertung beschlagnahmter Beweismittel im Stadium des Ermittlungsverfahrens[376], beruht auf der Gesetzesfassung vor dem Opferschutzgesetz vom 18.12.1986 und entspricht nicht mehr der heutigen Gesetzeslage. Die Akteneinsicht muss versagt werden, wenn überwiegende schutzwürdige Interessen anderer Personen, etwa anderer Verletzter, an der Geheimhaltung ihrer in den Akten enthaltenen persönlichen Daten entgegenstehen (§ 406e II StPO)[377]. Ansonsten kann Akteneinsicht nur verwehrt werden, wenn der Untersuchungszweck gefährdet erscheint oder das Verfahren erheblich verzögert würde. Eine Verzögerung von wenigen Tagen rechtfertigt die Ablehnung in der Regel nicht.[378]

280 Die Abschlussverfügung der Staatsanwaltschaft ist entscheidend für die Möglichkeit von Verletzten, ihre Entschädigungsansprüche schon im Strafverfahren gerichtlich durchzusetzen. Eine Einstellung des Verfahrens mangels hinreichenden Tatverdachts (§ 170 II StPO), aber auch aus Opportunitätsgründen bei geringer Schuld und mangels öffentlichen Interesses an der Strafverfolgung (§§ 153, 153a StPO) lässt keinen Raum für die Geltendmachung von Entschädigungsansprüchen beim Strafgericht. Verletzten bleibt dann nur noch die Klagemöglichkeit beim Zivilgericht. Allein das darf aber nicht dazu führen, dass die Staatsanwaltschaft von einer rechtlich gebotenen Verfahrenseinstellung absieht. In den Fällen einer Einstellung nach Opportunitätsvorschriften hat die Staatsanwaltschaft allerdings die Belange der Verletzten in

---

374 Meyer-Goßner, § 160 Rn 11, 19.
375 OLG Koblenz, NStZ 1990, 604.
376 OLG Koblenz, NJW 1985, 2038.
377 OLG Braunschweig, Niedersächsische Rechtspflege 1992, 269.
378 Meyer-Goßner, § 406e Rn 6.

ihre Erwägungen einzubeziehen, denn sie beeinflussen das öffentliche Interesse an der Strafverfolgung. Die angestrebte Friedensstiftung ohne Verurteilung und ohne Strafe für Beschuldigte wird etwa dann in Betracht kommen, wenn Beschuldigte vor der Entscheidung bereits Wiedergutmachungsleistungen für die Verletzten erbracht haben[379], während eine vorenthaltene Wiedergutmachung das öffentliche Strafbedürfnis erhöht. Vor einer Einstellung nach § 153a StPO muss die Staatsanwaltschaft prüfen, ob eine Auflage zur Wiedergutmachung des verursachten Schadens nach § 153a I Nr. 1 StPO in Betracht kommt (Nr. 93 III, 93a RiStBV). Wenn Beschuldigte zur Wiedergutmachung nicht bereit sind, sondern es den Verletzten überlassen wollen, auf eigenes Risiko auf dem Zivilrechtsweg Ersatz für die erlittenen Schäden zu erstreiten, besteht für die Staatsanwaltschaft in der Regel kein genügender Anlass, von der Erhebung der Anklage abzusehen.

Durch Strafbefehl kann über einen Adhäsionsantrag nicht entschieden werden (s.o. Rn 50).[380] Das Gericht kann nur durch Urteil, also nach einer Hauptverhandlung, einem Adhäsionsantrag entsprechen (§ 406 I 1 StPO).[381] Die vereinzelt vertretene gegenteilige Auffassung[382] ist zwar opferfreundlich, aber rechtlich nicht haltbar. Der Gesetzgeber hätte im Jahr 2004 der ihm bekannten jahrzehntelangen Rechtspraxis und der entsprechenden Auffassung in der Literatur entgegentreten können, wenn er daran etwas hätte ändern wollen. Das hat er aber – anders als bei anderen Streitfragen[383] – nicht getan. Die Staatsanwaltschaft wird also nach wie vor mit dem Antrag auf Erlass eines Strafbefehls einem Adhäsionsantrag den Boden entziehen. Sie stellt den Antrag auf Erlass eines Strafbefehls, wenn sie nach dem Ergebnis der Ermittlungen eine Hauptverhandlung nicht für erforderlich erachtet (§ 407 I 4 StPO). Von dem Strafbefehlsverfahren soll sie nur absehen, wenn die vollständige Aufklärung aller für die Rechtsfolgenbestimmung wesentlichen Umstände oder Gründe der Spezial- oder Generalprävention die Durchführung einer Hauptverhandlung geboten erscheinen lassen (Nr. 175 III S 1 RiStBV). Von den Belangen Verletzter ist in den Richtlinien keine Rede. Nach einem Strafbefehlsantrag der Staatsanwaltschaft kommt es nur dann zu einer Hauptverhandlung und damit auch zur Gelegenheit für die Entscheidung über einen Adhäsionsantrag, wenn das Gericht wegen seiner Bedenken, ohne eine solche zu entscheiden, Hauptverhandlung anberaumt oder der Angeklagte gegen den Strafbefehl Einspruch einlegt (§ 408 III 2, § 411 I 2 StPO). Gegen die Entscheidung der Staatsanwaltschaft, Strafbefehlsantrag zu stellen, steht Verletzten kein Rechtsmittel zu. Umso mehr liegt es in der Verantwortung der Staatsanwaltschaft, dem gesetzlichen Willen Wirkung zu verschaffen, nach dem eine Entschädigung Verletzter im Strafverfahren die Regel werden soll. Sie wird daher, wenn ein Adhäsionsantrag bereits gestellt ist, von einem Strafbefehlsantrag absehen

---

379 Meyer-Goßner, § 153a Rn 2, 6.
380 KMR/Stöckel, § 406 Rn 5; Meyer-Goßner, § 406 Rn 1 m.w.N.
381 BGH, NJW 1982, 1047.
382 Sommerfeld/Guhra, Zur Entschädigung des Verletzten im Verfahren bei Strafbefehlen, NStZ 2004, 420; Kuhn, Das „neue" Adhäsionsverfahren, JR 2004, 397.
383 BR-Drucks. 829/03 S 33.

und Anklage erheben, wenn dadurch dem Verletzteninteresse auch mit Rücksicht auf die Belange der Strafrechtspflege besser Rechnung getragen werden kann.[384]

V. Die Berücksichtigung von Verletzteninteressen im Hauptverfahren

282 Adhäsionsanträge, die sich nicht auf die Zuerkennung eines Schmerzensgeldes beschränken (§ 406 I 6 StPO), eignen sich in der Regel nicht zur Erledigung in Strafverfahren mit Untersuchungshaft, wenn über sie nicht ohne Weiteres entschieden werden kann (§ 406 I 4 StPO). Denn Verfahren mit Untersuchungshaft haben Vorrang vor allen anderen Verfahren und sind von Beginn an mit größtmöglicher Beschleunigung zu führen. Die Staatsanwaltschaft wird jeder Verzögerung des Hauptverfahrens durch die Prüfung eines Adhäsionsantrags entgegentreten müssen, weil sie vor dem Hintergrund der strengen Rechtsprechung des Bundesverfassungsgerichts[385] zur Entlassung des Angeklagten wegen zu langer Verfahrensdauer führen kann (§ 121 I, II StPO). Dadurch kann auch eine sonst nicht bedeutsame Verzögerung in Verfahren mit Untersuchungshaft so erheblich werden, dass sie im Sinne des § 406 I 5 StPO das Absehen von der Entscheidung über den Adhäsionsantrag rechtfertigt (s. dazu auch oben Rn 143). Die berechtigten Belange der Verletzten werden trotzdem so weit wie möglich berücksichtigt, auch wenn die Durchsetzung der Entschädigungsansprüche dem Zivilprozess vorbehalten bleibt, denn eine nur durch Verfahrensverzögerung begründete Entlassung von Angeklagten aus der Untersuchungshaft wäre für sie ein eindeutig größeres Übel.

Auch im Rahmen der Hauptverhandlung hat die Staatsanwaltschaft bei der Prüfung der Frage, ob nach § 154 II StPO eine Einstellung des Verfahrens beantragt oder nach § 154a II StPO einer Beschränkung des Verfahrens zugestimmt werden soll, die Belange des Verletzten in ihre Überlegungen mit einzubeziehen.

283 Die Staatsanwaltschaft hat die Auswirkungen des Adhäsionsverfahrens auf die Verwirklichung des materiellen Strafrechts zu beurteilen und in Ihrem Antrag zur Strafzumessung zu berücksichtigen.[386] Die rechtlich zulässige Verteidigung gegen Entschädigungsanträge darf zwar ebenso wenig wie zulässiges Verteidigungsverhalten gegen den Tatvorwurf strafschärfend gewertet werden. Aber das Bemühen von Angeklagten, den Schaden wiedergutzumachen und einen Ausgleich mit den Verletzten zu erreichen, kann im Rahmen der Strafzumessungskriterien nach §§ 46, 46a StGB als Strafmilderungsgrund gewertet werden. Besonders dafür geeignet ist der Abschluss eines Vergleichs nach § 405 StPO, wenn er für den Angeklagten zugleich Ausdruck der Einsicht in das von ihm begangene Unrecht ist.[387]

284 In ihren Anträgen hat die Staatsanwaltschaft auch die verstärkte Bedeutung des Wiedergutmachungsgedankens seit der Ergänzung des § 42 StGB durch das Gesetz vom 22.12.2006 zu berücksichtigen.[388] Das Gericht soll nunmehr schon bei der Festsetzung von Geldstrafe Zahlungserleichterungen gewähren, wenn ohne sie die Wieder-

---

[384] KMR/Stöckel, § 403 Rn 13.
[385] Zuletzt StV 2006, 703; BVerfG v. 29.3.2007, – 2 BvR 489/07 –; BVerfG v. 6.6.2007, – 2 BvR 971/07 –.
[386] KMR/Stöckel, § 404 Rn 18.
[387] Plüür/Herbst, Das Adhäsionsverfahren im Strafprozess, NJ 2005, 153.
[388] Zweites Gesetz zur Modernisierung der Justiz (2. Justizmodernisierungsgesetz), BGBl. I, 3416, 3432.

gutmachung erheblich gefährdet wäre. Danach erhalten Verletzte auch die Unterstützung des Gerichts, soweit die knappen Mittel Verurteilter nicht ausreichen, um sowohl die Geldstrafe als auch das Schmerzensgeld zu bezahlen. Verurteilten ist der Nachweis der Wiedergutmachung aufzuerlegen.

Weil die Staatsanwaltschaft an dem Rechtsstreit zwischen Verletzten und Angeklagten über bürgerlich-rechtliche Ansprüche nicht unmittelbar beteiligt ist,[389] stehen ihr keine Rechtsmittel gegen gerichtliche Entscheidungen zu, die nur den bürgerlich-rechtlichen Anspruch und dessen Prüfung betreffen.[390]

VI. Die Berücksichtigung von Verletzteninteressen im Vollstreckungsverfahren

Zur Vollstreckung eines Vergleichs und des bürgerlich-rechtlichen Teils von Strafurteilen ist nicht die Staatsanwaltschaft berufen. Stattdessen gelten die Vorschriften für bürgerliche Rechtsstreitigkeiten (§ 406b StPO). Folglich konkurrieren nach einer strafgerichtlichen Verurteilung der von der Staatsanwaltschaft als Vollstreckungsbehörde (§ 451 StPO) zu vollstreckende staatliche Strafanspruch und der von Verletzten nach der Zivilprozessordnung zu vollstreckende bürgerlich-rechtliche Entschädigungsanspruch miteinander. Dabei geraten die Interessen der Verletzten in Gefahr.[391] An die Stelle einer uneinbringlichen Geldstrafe tritt Ersatzfreiheitsstrafe (§ 43 StGB), an die Stelle eines uneinbringlichen Schmerzensgeldes tritt nichts. Verurteilte haben also allen Grund, zunächst die Geldstrafe zu bezahlen, bevor sie an Schadensersatz für Verletzte denken. Die Staatsanwaltschaft sollte ernsthaft zur Wiedergutmachung bereite Verurteilte im Verletzteninteresse unterstützen: Sie kann Zahlungserleichterungen für die Geldstrafe gewähren und dabei Verurteilten den Nachweis der Wiedergutmachung auferlegen (§ 459a I 2 StPO).

---

389 KMR/Stöckel, § 404 Rn 18.
390 Meyer-Goßner, § 406a Rn 6.
391 Stöckel, Das Opfer krimineller Taten, lange vergessen – Opferschutz, Opferhilfe heute –, JA 1998, 599.

D. Das Adhäsionsverfahren und Europa

287 Zunehmender Tourismus und auch eine zunehmende berufliche Mobilität innerhalb Europas mit daraus resultierenden grenzübergreifenden Straftaten eröffnen die Frage, ob und inwieweit das Adhäsionsverfahren auch innereuropäisch geeignet ist, eine sekundäre Traumatisierung des Opfers durch ein zusätzliches gerichtliches Verfahren zu verhindern. Wenn zum Beispiel ein deutscher Staatsbürger im Ausland geschädigt wird, ist es für ihn wichtig zu wissen, ob er sich dort dem Strafverfahren mit einem Adhäsionsantrag anschließen kann und welche Folgen eine rechtskräftige Adhäsionsentscheidung aus einem europäischen Ausland für ihn hat.

Gleiches gilt für Fälle, in denen die Staatsanwaltschaft in Deutschland das Verfahren an sich zieht. Kann das Opfer einer Auslandstat innerhalb der EU bei einem deutschen Gericht auch den Adhäsionsantrag stellen? Auch bei Verkehrsunfällen mit der Beteiligung von Haftpflichtversicherungen ist die Frage, ob ein Adhäsionsantrag gestellt werden kann, von Relevanz, weil in einigen Ländern ein im Adhäsionsverfahren ausgesprochenes Urteil auch unmittelbar gegen den Haftpflichtversicherer erfolgen und teilweise sogar ohne weitere Klage vollstreckt werden kann.[392]

288 Grundsätzlich ist nach der Brüssel-I-Verordnung (Art. 2 I Brüssel-I-VO Nr. 44/2001) eine Person, die ihren Wohnsitz im Hoheitsgebiet in einem Staat der EU hat, in dem Mitgliedstaat zu verklagen, in dem sie ihren Wohnsitz hat. Dies würde zB bei einem in Italien begangenen Raubüberfall zum Nachteil eines Deutschen durch einen französischen Täter auf den ersten Blick bedeuten, dass die Schmerzensgeldklage nur in Frankreich erhoben werden könnte. Allerdings kennt die Brüssel-I-VO auch die Zuständigkeit des Tatorts, so dass (Zivil-)Klage in Italien erhoben werden könnte.

289 Die EU erkennt jedoch auch an, dass eine Parteistellung als Adhäsionskläger in einem Strafverfahren ein wirkungsvolles Instrument zum Schutz der Interessen der Gemeinschaft ist und die Kombination von Straf- und Zivilverfahren dazu beiträgt, die Verfahrensdauer insgesamt nicht unerheblich zu verkürzen.[393] Deshalb ist in Art. 5 Nr. 4 der Brüssel-I-VO eine Sonderzuständigkeit für Adhäsionsanträge begründet. Diese können bei jedem Strafgericht, bei dem die öffentliche Klage erhoben wurde, anhängig gemacht werden.

Dies ist neben den bereits erwähnten Fallkonstellationen insbesondere von wesentlicher Bedeutung bei Auslandstaten gegen inländische Rechtsgüter (entsprechend § 5 StGB) oder aber Auslandstaten gegen international geschützte Rechtsgüter (§ 6 StGB) und letztlich für die Fälle, in denen das Herkunftsland des Täters die Strafverfolgung unabhängig vom Tatort übernimmt (entsprechend § 7 II Nr. 1 StGB). Hier kann der Adhäsionsantrag bei dem Gericht gestellt werden, bei dem die Anklage erhoben wird, ohne Rücksicht auf den Tatort oder den Wohnsitz des Täters.

---

392 So zB in Belgien, Frankreich und Portugal, vgl Neidhart, Adhäsionsverfahren – ein kurzer Ländervergleich, DAR 2006, 415f (417).
393 Siehe zB für Betrugsverfahren: Bericht der Kommission- Schutz der finanziellen Interessen der Gemeinschaft und Betrugsbekämpfung- Jahresbericht 2003 bei JURIS.

Beispielsweise kann die Staatsanwaltschaft Braunschweig einen Italiener anklagen, der in Griechenland eine Deutsche vergewaltigt hat. Das Opfer kann dann auch in Deutschland im Adhäsionsverfahren seine Ansprüche entsprechend Art. 5 Nr. 4 der Brüssel-I-VO geltend machen. Eine Spanierin, die in Frankreich zur Prostitution gezwungen wurde, kann nach Art. 5 Nr. 4 Brüssel-I-VO in Bremen einen Adhäsionsantrag stellen, wenn dort nach § 6 Nr. 4 StGB Anklage erhoben wurde.

290

Ebenso verhält es sich mit Anklagen in anderen europäischen Ländern. Das deutsche Opfer kann also in Italien einen Adhäsionsantrag stellen, wenn der o.g. Täter der in Griechenland begangenen Vergewaltigung dort angeklagt wird.

Voraussetzung dafür ist allerdings in allen über die Brüssel-I-VO gebundenen Staaten, dass das Recht des zuständigen Strafgerichts ein Adhäsionsverfahren überhaupt zulässt. Dies ist jedoch mit Ausnahme der Common-Law-Staaten – Irland und dem Vereinten Königreich – in den meisten anderen Mitgliedsstaaten der EU der Fall. In den meisten europäischen Staaten ist das Adhäsionsverfahren sogar weitaus üblicher als in der Bundesrepublik Deutschland.

291

In den Common-Law Staaten gibt es keine Berechtigung des Geschädigten, als Nebenbeteiligter aufzutreten. Er kann allerdings eine „Compensation Order" beantragen, die dann der Ankläger vertritt.

In Spanien,[394] Finnland und Portugal[395] kann das Adhäsionsverfahren sogar von Amts wegen eingeleitet werden. Hier ist darauf zu achten, dass wegen der Bindungswirkung nach § 238 ZPO eine erneute, erweiterte Klage mit dem Ziel, ein höheres als das im Ausland zugesprochene Schmerzensgeld zu erlangen, grundsätzlich nicht mehr möglich ist.[396]

292

Die Konditionen für den Beitritt als Adhäsionskläger sind in den einzelnen Mitgliedsstaaten unterschiedlich gestaltet. Teilweise kann nur vor Erhebung der öffentlichen Klage ein entsprechender Antrag gestellt werden,[397] teilweise kann er erst im laufenden Gerichtsverfahren erfolgen.[398] Da das nationale Verfahrensrecht sehr unterschiedlich ausgestaltet ist,[399] ist es ratsam bei Adhäsionsanträgen deutscher Mandanten im Ausland einen Rechtsanwalt vor Ort zu konsultieren.

293

Wenn ein Adhäsionsverfahren von Amts wegen oder auch auf Antrag des Geschädigten in einem Mitgliedstaat betrieben wird und ein entsprechendes Urteil ergeht, so wird dies der Brüssel-I-VO zufolge in allen Mitgliedsstaaten der EU anerkannt und ist vollstreckbar. Dies hat aber auch zur Konsequenz, dass der Schadensersatzanspruch vor deutschen Gerichten nicht erneut eingeklagt werden kann.[400] Etwas anderes gilt nur, wenn die Anerkennung des ausländischen Urteils nach § 328 ZPO ausgeschlossen ist. Da das deutsche Recht selbst ein Adhäsionsverfahren vorsieht, dürfte

294

---

394 Neidhart, DAR 2006, 415f (417).
395 Bericht der Kommission- Schutz der finanziellen Interessen der Gemeinschaft und Betrugsbekämpfung- Jahresbericht 2003, unter 8.
396 LG Köln, RuS 1987, 238f.
397 Österreich, Finnland, Niederlande.
398 Griechenland, Italien.
399 Für Verkehrssachen s. nur den Überblick bei Neidhard, DAR 415f.
400 Vgl. auch LG Köln, RuS 1987, 238.

dies allerdings selten der Fall sein. Selbst wenn ein dem deutschen Recht fremder Ausgleichsanspruch zuerkannt wird (zB immaterieller Schadensersatz für die Verletzung eine Besuchsrechts der Eltern), liegt kein Widerspruch mit dem deutschen ordre publique vor.[401] Dies kann für das deutsche Opfer Vor-, aber auch Nachteile haben. Daher sollte – wenn möglich – vorher genau abgewogen werden, ob bei einer Anklage in einem europäischen Mitgliedsstaat ein Adhäsionsantrag gestellt wird oder nach Internationalem Privatrecht bzw Art. 2 Brüssel-I-VO eine Zivilklage vor einem anderen Gericht erhoben werden soll.

---

401 OLG Köln, InVo 1997, 45f.

Stichwortverzeichnis

Die Zahlen beziehen sich auf die Randnummern im Buch.

Abschlussverfügung der Staatsanwaltschaft
- Berücksichtigung von Verletzten-
  interessen 280
Absehen von einer Entscheidung im
  Übrigen 192
Abtretung 129
Akteneinsicht 279
Anerkenntnisurteil
- Freispruch des Angeklagten 167
- Geständnis 165 f
- in der Rechtsmittelinstanz 168 f
- Tenorierung 163
- Voraussetzungen 163 ff
Anhörung
- im Rechtsmittelverfahren 215
- in der Hauptverhandlung 84 ff
Anspruchsgrund 59
Antrag
- Eignung zur Erledigung im Straf-
  verfahren 137 ff
- Begründetheit 130 ff
- Bestimmtheit 52
- Bezifferung 53
- Ordnungsmäßigkeit 51 ff
- Rücknahme 65
- Schriftlichkeit 84
- Vorbehalt 58
- Wirksamkeit 62
- Zeitpunkt 62
- Zulässigkeit 33 ff, 129
Antragsberechtigung 33 ff
Antragsgegner 39 ff
Anwaltszwang 48
Arbeitsgerichte 47
Aufgaben des Rechtsanwaltes 91

Bedeutung des 1 ff
Beerdigungskosten 46
Befangenheitsantrag 88
Bereicherungsansprüche 46
Berücksichtigung von Verletzteninteressen
- Vollstreckungsverfahren 286
- Ermittlungsverfahren 278
- Geldstrafe- 284
- Hauptverfahren 282
- Strafzumessung 283

- Untersuchungshaft 282
Berufungsverfahren 63, 202 ff, 208 ff
Beweisantragsrecht 87
Beweislage 21
Beweismittel 60

Einstellung des Strafverfahrens 90, 131 ff
Erben 34, 176
Erfolgsaussicht 11

Faires Verfahren 30
Fehlerhaftigkeit der Entscheidung 202 ff
Feststellungsantrag 56 ff
Feststellungsurteil 153
Fragerecht 87
Freispruch 32

Gebühren des Rechtsanwaltes
- Anrechnung Zivilverfahren 263
- Berechungsbeispiele 263 ff
- Berufung 248, 262
- besondere Verfahrensgebühr 244
- Einigungsgebühr 250
- Entstehen 246
- mehrere Auftraggeber 249
- Revision 262
- Systematik 239 ff
- Verhältnis zur Nebenklage 251 ff
- Wertgebühr 245
Geeignete Verfahren 15 ff
Gehörsrüge 203
Grundurteil 56, 155ff
- unbezifferter Feststellungsantrag für die
  Zukunft 160
- Voraussetzungen 155 ff
- Wirkung 158
- Mitverschulden 161 f

Haftungsgefahr 140
Hauptverhandlung 84 ff
Heranwachsende 40
Herausgabeansprüche 46
Hinweispflicht
- bei Absehensentscheidung 146
- Staatskasse 185
- Rechtsmittel gegen Kostenentscheidung
  87
- der Angeklagte 180 f

161

Stichwortverzeichnis

– Ermessen 182
– Rechtsmittel 217
Hinweispflicht 179 ff
Information über Verletztenrechte 271
– Hinweise zum Antragsformular 275
– Antragsformular 274
– Muster 273
Insolvenzverwalter 36, 37
Jugendliche 40
Kostenentscheidung 179 ff
– Rechtsmittel 217
– der Angeklagte 180 f
– Ermessen 182
– Rechtsmittel gegen Kostenentscheidung 187
– Staatskasse 185
Kostenrechtsmodernisierungsgesetz 43, 44

Nachteile 3
Nebenklage
– Optimierung 101
– Umfang der Beiordnung 49, 232
– und Adhäsionsverfahren 91 ff
Pflichtverteidiger
– Umfang der Beiordnung 43 ff, 231 ff
Postulationsfähigkeit 48 ff
Privatklagedelikt
– Hinweis an Verletzte 268
Privatklageverfahren 50
Prozessfähigkeit 37, 42
Prozesskostenhilfe 218 ff
– Beiordnung eines Rechtsanwalts 231 ff
– Antragstellung 219 ff
– Entscheidung 221 f
– für das Zivilverfahren 234 ff
– Voraussetzungen 223 ff
– Wirkung 233
Rechtshängigkeit 129, 148, 269
Rechtskraft 188, 212
Rechtsmittel
– des Angeklagten 205 ff
– des Antragstellers 201 ff
– fehlerhafte Entscheidung 202 f
Rechtsnachfolger 35
Revisionsverfahren 63, 202 ff, 209 ff
Risiken des Verfahrens 22 ff
– Risikoreduzierung 25, 100

Rubrum 150
– Geheimhaltungsinteresse 151
Staatsanwaltschaft
– Hinweis an Verletzte 266, 268
– Keine Beteiligung am Adhäsionsverfahren 264
– Keine Interessenvertreterin 277
– Merkblatt 267
– Pflicht zur Sachverhaltserforschung 278
– Rechtsmittel gegen Adhäsionsentscheidungen 285
– Richtlinien für das Straf- und Bußgeldverfahren 266, 269, 270
– Verantwortung für die Gesetzmäßigkeit 265, 270
– Weiterleitung des Entschädigungsantrags 269
Strafbefehl 281
Strafbefehlsverfahren 50

Taktik des Rechtsanwaltes 91 ff
Täter
– mehrere 193 ff
– Gesamtschuldner 193 ff
– Mittäter 194
– Nebentäter 194 ff
Tatidentität 131
Teilnahmerecht 86, 89
Teilurteil 159
Testamentsvollstrecker 36

Ungeeignete Verfahren 10 ff
Unterlassungsansprüche 46
Urteilsgründe
– Schmerzensgeldansprüche (Begründung von ...) 171 ff
– Tatbestand 170
– Entscheidungsgründe 170

Verfahrensgrundsätze
– § 139 ZPO 27
– Urteil trotz Freispruch 32
– MRK 30
– Vorrang der StPO 26
Verfahrensverzögerung 12, 143 ff
Verjährung 19
Verkehrsunfallsachen 14
Verletzter
– Begriff 33
– Benennung im Antrag 55
Vermögensrechtlicher Anspruch 45
Verzögerung des Strafverfahrens 276

Viktimisierung 16, 91
Vollstreckung 191
Vorbehalt 58
Vorläufige Vollstreckbarkeit 189
Vorteile 3

Wiederaufnahme 216

Zahlungsurteil 151 f
Zinsen 20
Zurückverweisung 209
Zuständigkeit 47
Zwangsverwalter 36

Auf dem neuesten Stand!

»Die Gesetzessammlungen zeichnen sich durch ihre gute Handlichkeit aus... Eignen sie sich besonders für Rechtsanwälte, Richter gleichermaßen für Studierende der Rechtswissenschaft, aber auch anderer Studienfächer mit rechtlichem Bezug.«

RA Dr. Thomas Stähler, JA 4/06, zur Vorauflage

Strafrecht

Nomos Gesetze

16. Auflage 2007,
1.456 S., brosch., 16,90 €,
ISBN 978-3-8329-2820-9

Bitte bestellen Sie bei Ihrer Buchhandlung oder bei Nomos | Telefon 07221/2104-37 | Fax -43 | www.nomos.de | sabine.horn@nomos.de

Das praxisrelevante Strafrecht in einem Band.

Der neue Handkommentar liefert erstmals eine praxisgerechte Gesamtlösung **für StGB und StPO einschließlich der relevanten Regelungen des JGG, GVG und OWiG.**

Sie erhalten zudem nicht nur materielles Recht und Prozessrecht in einem Band, sondern darüber hinaus, jeweils an passender Stelle, **die einschlägigen nebenstrafrechtlichen Normen, wie z. B. das BtMG, StVG, WiStG oder die AO.**

Topaktuell: Berücksichtigt auch die aktuellen Änderungen durch das Gesetz zur Neuregelung der Telekommunikationsüberwachung und anderer verdeckter Ermittlungsmaßnahmen.

Gesamtes Strafrecht

StGB | StPO | Nebengesetze

Handkommentar

Herausgegeben von Prof. Dr. Dieter Dölling, Universität Heidelberg, Prof. Dr. Gunnar Duttge, Universität Göttingen und Prof. Dr. Dieter Rössner, Universität Marburg

2008, ca. 3.300 S., geb., Subskriptionspreis bis 31.07.2008 98,–, danach ca. 118,– €, ISBN 978-3-8329-2340-2

Erscheint März 2008

Bitte bestellen Sie bei Ihrer Buchhandlung oder bei Nomos | Telefon 07221/2104-37 | Fax -43 | www.nomos.de | sabine.horn@nomos.de